二级建造师执业资格考试 名师讲义

建设工程施工管理

建造师考试研究中心 编

1 速学速练

通关极速 快人一步

哈爾濱工業大學出版社
HITP HARBIN INSTITUTE OF TECHNOLOGY PRESS

内 容 简 介

本书根据二级建造师职业资格考试大纲编写，共包括七章内容，分别为施工组织与目标控制、施工招标投标与合同管理、施工进度管理、施工质量管理、施工成本管理、施工安全管理、绿色施工及环境管理、施工文件归档管理及项目管理新发展。本书的主要特点：有名师导学、考点讲解，图文并茂；有名师点拨、实战演练、免费考点视频精讲、免费视频课程和题库兑换等板块，讲练并重。

本书主要针对工程类相关专业工作，有一定的专业基础和实践经验，对二级建造师执业资格考试缺少知识梳理和系统学习的考生编写，可作为二级建造师执业资格考试考生的复习备考用书。

图书在版编目（CIP）数据

建设工程施工管理/建造师考试研究中心编．—哈尔滨：哈尔滨工业大学出版社，2022.11（2024.1 重印）
二级建造师执业资格考试名师讲义
ISBN 978－7－5767－0415－0

Ⅰ．①建… Ⅱ．①建… Ⅲ．①建筑工程－施工管理－资格考试－自学参考资料 Ⅳ．①TU71

中国版本图书馆 CIP 数据核字（2022）第 216231 号

建设工程施工管理
JIANSHE GONGCHENG SHIGONG GUANLI

策划编辑　王桂芝
责任编辑　陈雪巍　林均豫
出版发行　哈尔滨工业大学出版社
社　　址　哈尔滨市南岗区复华四道街 10 号　邮编 150006
传　　真　0451－86414749
网　　址　http://hitpress.hit.edu.cn
印　　刷　三河市中晟雅豪印务有限公司
开　　本　787 mm×1 092 mm　1/16　印张 13.5　字数 340 千字
版　　次　2022 年 11 月第 1 版　2024 年 1 月第 3 次印刷
书　　号　ISBN 978－7－5767－0415－0
定　　价　49.00 元

编者寄语

亲爱的考生：

二建执业资格考试在即，狭路相逢勇者胜，越是艰险越前行。请考生调整好状态，既要有“黄沙百战穿金甲，不破楼兰终不还”的坚定执着，也要有“千磨万击还坚劲，任尔东西南北风”的坚韧顽强，更要有“自信人生二百年，会当水击三千里”的豪迈达观。

进入备考的最后阶段，大家唯有摒弃侥幸之念，必经百炼成钢，厚积分秒之功，始得一鸣惊人。我已将本书备考资料提炼得更加清晰，将知识体系梳理得更加缜密，将备考技巧打磨得更加犀利，相信本书定会带着大家披荆斩棘，乘风破浪。

下面提供几条建议，为大家在备考路上提供有力支撑。

首先，认真梳理，查缺补漏。不仅要查补知识方面的缺漏，还要对方法技巧以及时间分配等进行认真总结，熟悉各考点的重要内容及其相互之间的内在联系，以夯实基础，掌握重点。

其次，构建知识点网络。要学会归纳概括知识点内容，有条理、有意识地在头脑中构建网络化的知识体系，进行知识点间的高效组合，实现知识体系的上下连贯，知识点的前后贯通，将知识网络化进行到底，以科学有效地推进认知深化，强化迅速提取考点内容的能力。

最后，回归错题以自省。错题集是智慧宝库，错题里藏着思考的过程，蕴藏着无限的潜力和机遇。“经一失，长一智”，考试中失分，知识点未记牢是一方面原因，更多的是思考过程偏离了正确答案的轨迹。针对错题“解题思路”的自我反思与纠正，恰是考前冲刺阶段提分的重中之重。

静水流深，行稳致远，只有步履不停，才可筑梦于行。以饱满的情绪、平稳的心态迎接考试，是取胜的关键。祝您考试成功，开启人生新篇章！

建造师考试研究中心

目　录

第一章

施工组织与目标控制

名师导学

施工项目策划及组织、施工目标控制是施工管理的核心内容，本章一共包括三节。从项目投资策划开始，自项目依法立项之后，在项目实施阶段，重点讲解了施工方组建团队及任命项目经理的相关内容，并且对施工前施工组织设计和施工过程中动态控制原理进行了详细介绍，本章起着为后文打基础做铺垫的作用，要求重点掌握。

第一节　工程项目投资管理与实施

考点 1 项目资本金制度

一、项目资本金概念

所谓项目资本金，是指在项目总投资中由投资者认缴的出资额。

（1）这里的总投资，是指投资项目的固定资产投资与铺底流动资金之和。

（2）项目资本金属于非债务性资金，项目法人不承担这部分资金的任何利息和债务。

（3）投资者可按其出资比例依法享有所有者权益，也可转让其出资，但不得以任何方式抽回。

➢ **注意：**公益性投资项目不实行资本金制度。

实战演练

[经典例题·单选] 关于资本金的说法，正确的是（　　）。

A. 项目资本金是债务性资金

B. 项目法人要承担资本金的利息

C. 投资者可以转让资本金

D. 投资者可以抽回项目资本金

[解析] 项目资本金属于非债务性资金，项目法人不承担这部分资金的任何利息和债务。投资者可按其出资比例依法享有所有者权益，也可转让其出资，但不得以任何方式抽回。

[答案] C

[经典例题·单选] 根据固定资产投资项目资本金制度，作为计算资本金基数的总投资，是指投资项目的（　　）之和。

A. 建筑工程费用和安装工程费用

B. 固定资产投资和铺底流动资金

C. 建安工程费用和设备工器具费用

D. 建安工程费用和工程建设其他费用

[解析] 根据固定资产投资项目资本金制度，作为计算资本金基数的总投资，是指投资项目的固定资产投资和铺底流动资金之和。

[答案] B

二、项目资本金来源

项目资本金可以用货币出资，也可以用实物、工业产权、非专利技术、土地使用权作价出资，依评估作价，不得高估或低估。

除国家对采用高新技术成果有特别规定外，以工业产权、非专利技术作价出资的比例不得超过投资项目资本金总额的20%。

投资者以货币方式认缴的资本金，其资金来源如下。

（1）各级人民政府的财政预算内资金、国家批准的各种专项建设基金、经营性基本建设基金回收的本息、土地批租收入、国有企业产权转让收入、地方人民政府按国家有关规定收取的各种规费及其他预算外资金。

（2）国家授权的投资机构及企业法人的所有者权益（包括资本金、资本公积金、盈余公积金和未分配利润、股票上市收益资金等）、企业折旧资金以及投资者按照国家规定从资本市场上筹措的资金。

（3）社会个人合法所有的资金。

（4）国家规定的其他可以用作投资项目资本金的资金。

实战演练

[经典例题·单选] 固定资产投资项目实行资本金制度，以工业产权、非专利技术作价出资的比例不得超过投资项目资本金总额的（　　）。

A. 20%　　B. 25%

C. 30%　　D. 35%

[解析] 固定资产投资项目实行资本金制度，以工业产权、非专利技术作价出资的比例不得超过投资项目资本金总额的20%。

[答案] A

[经典例题·多选] 根据固定资产投资项目资本金制度相关规定，除用货币出资外，投资者还可以用（　　）作价出资。

A. 实物　　B. 工业产权

C. 专利技术　　D. 非专利技术

E. 无形资产

[解析] 项目资本金可以用货币出资，也可以用实物、工业产权、非专利技术、土地使用权作价出资，依评估作价，不得高估或低估。

[答案] ABD

三、项目资本金比例

投资项目最低资本金比例见表1-1-1。

表1-1-1　投资项目最低资本金比例

序号	投资项目		最低资本金比例
1	城市和交通基础设施项目	城市轨道交通项目	20%
		港口、沿海及内河航运项目	
		铁路、公路项目	
		机场项目	25%

续表

序号	投资项目		最低资本金比例
2	房地产开发项目	保障性住房和普通商品住房项目	20%
		其他项目	25%
3	产能过剩行业项目	钢铁、电解铝项目	40%
		水泥项目	35%
		煤炭、电石、铁合金、烧碱、焦炭、黄磷、多晶硅项目	30%
4	其他工业项目	玉米深加工项目	20%
		化肥（钾肥除外）项目	25%
		电力等其他项目	20%

实战演练

[经典例题·单选] 下列项目资本金占项目总投资比例最大的是（　　）。

A. 城市轨道交通　　B. 保障房

C. 普通商品房　　D. 机场项目

[解析] 根据表1-1-1，机场项目最低资本金比例为25%，符合题意。

[答案] D

考点 2 项目投资审批、核准或备案管理

根据《国务院关于投资体制改革的决定》（国发〔2004〕20号），按照“谁投资、谁决策、谁收益、谁承担风险”的原则，政府投资项目实行审批制，企业投资建设的项目，实行核准制或登记备案制。

一、政府投资项目的审批制

（1）对于采用直接投资和资本金注入方式的政府投资项目，政府投资主管部门需从投资决策角度审批项目建议书和可行性研究报告。

（2）对于采用投资补助、转贷和贷款贴息方式的政府投资项目，政府投资主管部门只审批资金申请报告。

二、企业投资项目的核准制或备案制

（1）企业投资项目核准制。

对关系国家安全、涉及全国重大生产力布局、战略性资源开发和重大公共利益等的企业投资项目，实行核准管理。具体项目范围依照《政府核准的投资项目目录》执行。

企业办理投资项目核准手续时，仅需向核准机关提交项目申请书。

（2）企业投资项目备案制。

对《政府核准的投资项目目录》外的企业投资项目，实行备案管理。

实战演练

[经典例题·单选] 根据《国务院关于投资体制改革的决定》，对于采用投资补助、转贷和贷款贴息方式的政府投资项目，政府投资主管部门需要审批（　　）。

A. 资金申请报告　　B. 可行性研究报告

C. 初步设计文件　　D. 项目建议书

[解析] 对于采用投资补助、转贷和贷款贴息方式的政府投资项目，政府投资主管部门只审批资金申请报告。

[答案] A

考点 3　工程建设实施程序

工程建设实施程序如图 1-1-1 所示。

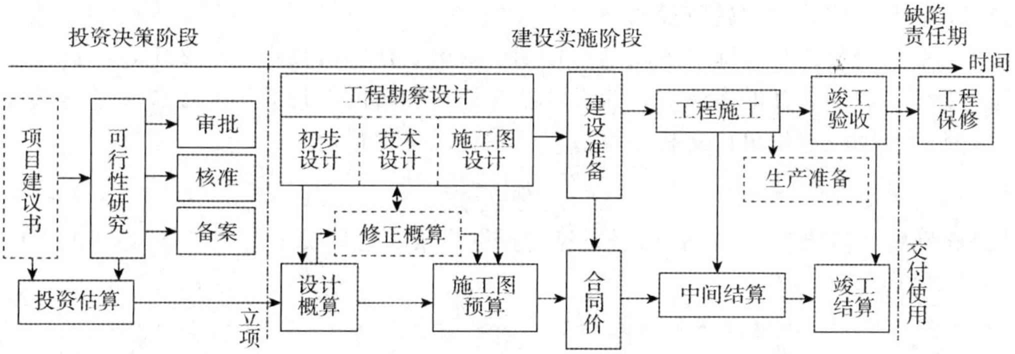

图 1-1-1　工程建设实施程序

注：①工程项目生命期包含投资决策和建设实施两个阶段。

②建设工程全寿命期还包含工程建成后的运营维护阶段。

一、工程勘察设计（建设实施阶段的首要环节）

（一）工程勘察

（1）工程测量。

（2）岩土地质勘察。

（3）水文地质勘察。

（二）工程设计

工程设计一般分为初步设计和施工图设计两个阶段，对于重大工程和技术复杂工程，可增加技术设计阶段。

（1）初步设计：明确建设内容、建设规模、建设标准、用地规模、主要材料、设备规格和技术参数，设计具体实施方案并编制工程总概算的活动。

（2）技术设计：解决初步设计未解决的重大技术问题（包括工艺流程、建筑结构、设备选型等问题的解决），需包含修正概算。

（3）施工图设计：完整地表现建筑物外形、内部空间分割、结构体系，确定各种设备的型号、规格等，还应编制施工图预算。

➢ **注意：** 施工图设计文件需经审查批准后方可实施。

二、建设准备

建设准备主要由建设单位完成——征地，拆迁，场地平整，水、电、通信网络、交通道路等的接通工作，准备必要的施工图纸，组织招标，办理施工许可证、工程质量监督等手续。

三、工程施工

工程施工在保证工期、质量、成本、安全、绿色等目标的前提下进行。

➢ **注意：**绿色施工即实现"四节一环保"的施工活动。

四、生产准备

生产准备即针对生产性项目进行准备，由建设单位完成组机构、定制度、招聘人、落实料等。

五、竣工验收

竣工验收是工程建设实施阶段的最后环节。

自竣工验收合格之日起即进入缺陷责任期。缺陷责任期最长不超过2年，由责任方承担缺陷修复费用。缺陷责任期届满时，建设单位应返还扣留的工程质量保证金。工程承包单位未履行缺陷责任的，建设单位有权扣留该部分工程质量保证金。

实战演练

[经典例题·多选] 任何项目均需要经过投资决策和建设实施两大阶段，以下关于项目决策和实施的说法，正确的有（　　）。

A. 工程项目生命期包含投资决策和建设实施两个阶段

B. 建设工程全寿命期包含投资决策和建设实施两个阶段

C. 建设实施阶段包含工程保修阶段

D. 建设准备环节是建设实施阶段的首要环节

E. 竣工验收是建设实施程序中的最后一个环节

[解析] 选项B错误，建设工程全寿命期包含投资决策和建设实施、运营维护阶段。选项C错误，建设实施阶段包含勘察设计、建设准备、工程施工、竣工验收。选项D错误，勘察设计是建设实施阶段的首要环节。

[答案] AE

[经典例题·多选] 下列有关建设实施程序的说法，正确的有（　　）。

A. 任何项目的设计阶段都包含初步设计、技术设计、施工图设计

B. 初步设计需要进行修正概算

C. 工程总承包模式下，施工图纸的准备由工程总承包单位完成

D. 生产性项目由施工单位进行生产准备工作

E. 缺陷责任期的起算时间为验收合格之日

[解析] 选项A错误，工程设计一般分为初步设计和施工图设计两个阶段，对于重大工程和技术复杂工程，可增加技术设计阶段。选项B错误，根据初步设计编制总概算，根据技术设计编制修正概算，根据施工图设计编制施工图预算。

[答案] CE

考点 4 施工承包模式

施工承包模式如图 1-1-2 所示。

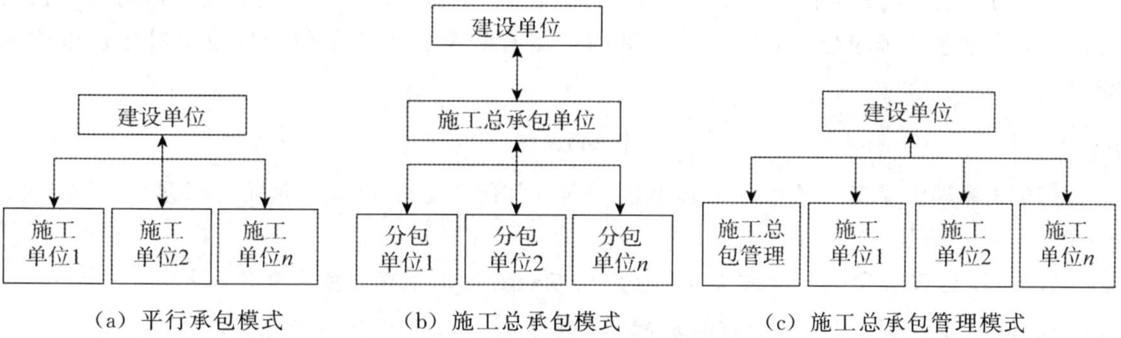

图 1-1-2　施工承包模式

施工承包模式的特点见表 1-1-2。

表 1-1-2　施工承包模式的特点

模式	平行承包模式	施工总承包模式	施工总承包管理模式
谁选分包 谁签合同 谁认可分包	有利于大范围择优选择施工单位； 建设单位选分包并签合同； 建设单位认可分包	施工总承包单位选分包； 并与分包签合同； 建设单位认可分包	一般情况，建设单位选分包并签合同，管理方认可分包； 授权后，施工总包管理单位选分包并签合同
合同管理	业主合同管理工作量大	业主合同管理工作量小	业主合同管理工作量大
投资控制	控制多项合同价格，工程造价控制难度大	以施工图设计为基础投标报价，开工前有较为明确的合同价，有利于工程总造价的早期控制	工程造价控制风险大
进度控制	有利于缩短建设工期	不利于缩短建设工期	—
质量控制	符合“他人控制”原则 有利于控制工程质量	施工总包单位负总责； 质量控制依赖于施工总承包方	符合“他人控制”原则； 有利于控制工程质量
组织协调	业主组织管理和协调工作量大	业主组织管理和协调工作量小	业主组织协调工作量小

施工总承包管理模式的其他特点：

(1) 施工总承包管理单位负责施工任务的总体管理和组织协调，可以通过竞标承揽部分工程施工任务。

(2) 施工总承包管理单位只收取总包管理费，不赚取总包与分包之间的差价。

(3) 施工总承包管理单位与施工总承包单位承担的施工管理任务和责任相同。

（4）无论是业主选定的分包单位，还是由业主授权施工总承包管理单位选定的分包单位，都必须接受施工总承包管理单位的工作指令，服从其组织和指挥。

（5）对于各分包单位的工程款，可以通过施工总承包管理单位支付，也可由业主直接支付。施工总承包管理单位支付分包工程款时，更有利于施工总承包管理单位对分包单位的管理。

实战演练

[2023 真题·单选] 关于施工总承包管理方和施工总承包方承担施工管理任务和责任的说法，正确的是（　　）。

A. 施工总承包管理方和施工总承包方均不承担施工管理任务和责任

B. 施工总承包管理方承担施工管理任务和责任，施工总承包方不承担

C. 施工总承包管理方不承担施工管理任务和责任，施工总承包方承担

D. 施工总承包管理方和施工总承包方均应承担施工管理任务和责任

[解析] 施工总承包管理单位与施工总承包单位承担的施工管理任务和责任相同。

[答案] D

[经典例题·单选] 关于施工总承包管理方责任的说法，正确的是（　　）。

A. 与分包单位签订分包合同

B. 承担项目施工任务并对其工程质量负责

C. 组织和指挥施工总承包单位的施工

D. 负责对所有分包单位的管理及组织协调

[解析] 选项 A 错误，一般情况业主与分包签合同，授权后施工总承包管理方与分包单位签订分包合同。选项 B 错误，施工总承包管理单位负责施工任务的总体管理和组织协调，可以通过竞标承揽部分工程施工任务。选项 C 错误，施工总承包管理模式和施工总承包单位模式属于两种承包模式，不会同时出现。

[答案] D

[经典例题·多选] 与施工总承包模式相比，平行承包模式的特点有（　　）。

A. 建设单位可在更大范围内选择施工单位

B. 建设单位组织协调工作量大

C. 建设单位合同管理工作量大

D. 有利于建设单位较早确定工程造价

E. 有利于建设单位向承包单位转移风险

[解析] 选项 D 属于施工总承包的特点。选项 E 属于平行承包模式，建设单位需要与多家施工单位签订施工合同，合同签得越多，风险越大。

[答案] ABC

联合体与合作体承包模式如图 1-1-3 所示。

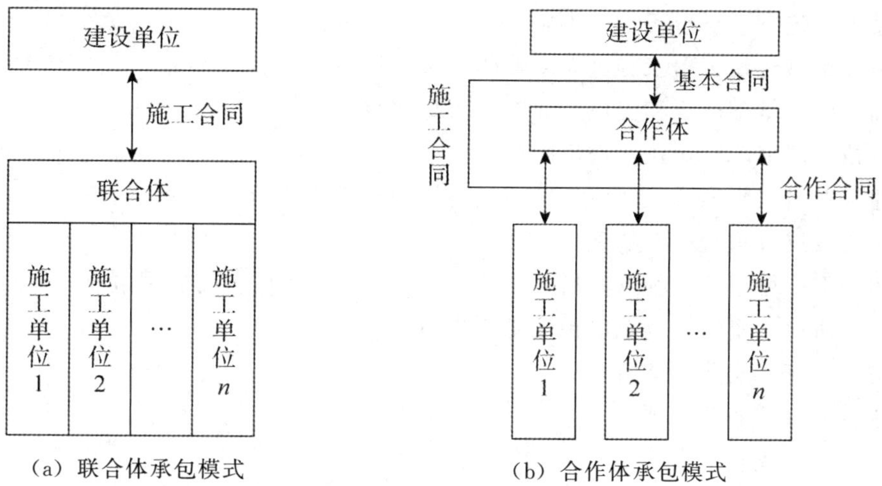

图 1-1-3　联合体与合作体承包模式

联合体承包模式的特点：

(1) 集各家之所长，增强竞争能力，增强抗风险能力。

(2) 多个法人组成一个承包单位。

(3) 签署联合体协议，对外连带，对内按份。

(4) 联合体成员单位共同与建设单位签署合同。

(5) 建设单位合同结构简单，组织协调工作量小，而且有利于工程造价和工期控制。

合作体承包模式的特点：

(1) 各施工单位之间有合作愿望，但又不愿意组成联合体，因此几家单位成立一个合作体，以合作体名义与建设单位签订施工承包意向合同。

(2) 达成协议后，各施工单位再分别与建设单位签订施工合同。

(3) 在合作体统一计划、指挥和协调下完成施工任务。

(4) 建设单位组织协调工作量小，但风险较大。

实战演练

[经典例题·单选] 工程项目承包模式中，建设单位组织协调工作量小，但风险较大的是（　　）。

A. 施工总承包模式　　B. 合作体承包模式

C. 平行承包模式　　D. 联合体承包模式

[解析] 选项 A 错误，施工总承包模式，建设单位组织协调工作量小，但风险较小。选项 C 错误，平行承包模式建设单位组织协调工作量大，但风险较大。选项 D 错误，联合体承包模式，建设单位组织协调工作量小，但风险较小。

[答案] B

考点 5　强制实行监理的工程范围

根据国家标准《建设工程监理规范》（GB/T 50319—2013）可知，建设工程监理是指工程监理单位受建设单位委托，根据法律法规、工程建设标准、勘察设计文件及合同，在施工阶段对建设工程进行“三控三管一协调”。

（1）国家重点建设工程（有重大影响的骨干项目）：

①基础设施、基础产业和支柱产业中的大型项目。

②高科技并能带动行业技术进步的项目。

③跨地区并对全国经济发展或者区域经济发展有重大影响的项目。

④对社会发展有重大影响的项目。

（2）大中型公用事业工程（项目总投资额在 3 000 万元以上的公用事业工程）：

①供水、供电、供气、供热等市政工程项目。

②科技、教育、文化等项目。

③体育、旅游、商业等项目。

④卫生、社会福利等项目。

（3）成片开发建设的住宅小区工程（5 万 m^2 以上的住宅）：

①建筑面积在 5 万 m^2 以上的住宅必须实行监理。

②5 万 m^2 以下的住宅建设工程可以实行监理。

③高层住宅及地基、结构复杂的多层住宅应当实行监理。

（4）利用外国政府或者国际组织贷款、援助资金的工程（外国、国际）：

①使用世界银行、亚洲开发银行等国际组织贷款资金的项目。

②使用国外政府及其机构贷款资金的项目。

③使用国际组织或者国外政府援助资金的项目。

（5）国家规定必须实行监理的其他工程（总投资额在 3 000 万元以上，关系社会公共利益、公众安全的基础设施项目；学校、影剧院、体育场馆项目）：

① 煤炭、石油、化工、天然气、电力、新能源等项目。

② 铁路、公路、管道、水运、民航以及其他交通运输业等项目。

③ 邮政、电信枢纽、通信、信息网络等项目。

④ 防洪、灌溉、排涝、发电、引（供）水、滩涂治理、水资源保护、水土保持等水利建设项目。

⑤ 道路、桥梁、地铁和轻轨交通、污水排放及处理、垃圾处理、地下管道、公共停车场等城市基础设施项目。

⑥生态环境保护项目。

实战演练

[经典例题·多选] 根据《建设工程监理范围和规模标准规定》，关于必须实行监理的工程范围和规模标准的说法，正确的有（　　）。

A. 项目总投资额在 3 000 万元以上的公用事业工程

B. 高层住宅及地基、结构复杂的多层住宅必须实行监理

C. 体育场馆项目必须实行监理

D. 总投资额在 2 000 万元以上的水利建设项目

E. 政府直接投资的项目

［解析］选项B错误，高层住宅及地基、结构复杂的多层住宅应该实行监理。选项D错误，总投资额在3 000万元以上的水利建设项目必须实行监理。选项E错误，利用外国政府或者国际组织贷款、援助资金的工程必须实行监理。

［答案］AC

考点 6 项目监理机构人员职责

一、总监理工程师职责——组织工作

（1）确定项目监理机构人员及其岗位职责。

（2）组织编制监理规划，审批监理实施细则。

（3）根据工程进展及监理工作情况调配监理人员，检查监理人员工作。

（4）组织召开监理例会。

（5）组织审核分包单位资格。

（6）组织审查施工组织设计、（专项）施工方案。

（7）审查开复工报审表，签发工程开工令、暂行令和复工令。

（8）组织检查施工单位现场质量、安全生产管理体系的建立及运行情况。

（9）组织审核施工单位的付款申请，签发工程款支付证书，组织审核竣工结算。

（10）组织审查和处理工程变更。

（11）调解建设单位与施工单位的合同争议，处理工程索赔。

（12）组织验收分部工程，组织审查单位工程质量检验资料。

（13）审查施工单位的竣工申请，组织工程竣工预验收，组织编写工程质量评估报告，参与工程竣工验收。

（14）参与或配合工程质量安全事故的调查和处理。

（15）组织编写监理月报、监理工作总结，组织整理监理文件资料。

经监理单位法定代表人同意，在总监理工程师书面授权后，由总监理工程师代表行使总监理工程师的部分职责和权力。但下列工作不得委托给总监理工程师代表：

（1）组织编制监理规划，审批监理实施细则。

（2）根据工程进展及监理工作情况调配监理人员。

（3）组织审查施工组织设计、（专项）施工方案。

（4）签发工程开工令、暂停令和复工令。

（5）签发工程款支付证书，组织审核竣工结算。

（6）调解建设单位与施工单位的合同争议，处理工程索赔。

（7）审查施工单位的竣工申请，组织工程竣工预验收，组织编写工程质量评估报告，参与工程竣工验收。

（8）参与或配合工程质量安全事故的调查和处理。

➤ **记忆口诀**：“编、审、调、签各2个、全部竣工和事故”，如图1-1-4所示。

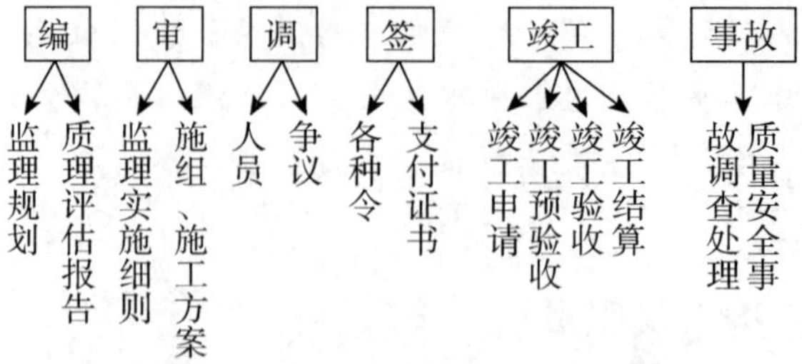

图 1-1-4　总监理工程师职责记忆图

二、专业监理工程师职责——参与工作

（1）参与编制监理规划，负责编制监理实施细则。

（2）审查施工单位提交的涉及本专业的报审文件，并向总监理工程师报告。

（3）参与审核分包单位资格。

（4）指导、检查监理员工作，定期向总监理工程师报告本专业监理工作实施情况。

（5）检查进场的工程材料、构配件、设备的质量。

（6）验收检验批、隐蔽工程、分项工程，参与验收分部工程。

（7）处置发现的质量问题和安全事故隐患。

（8）进行工程计量。

（9）参与工程变更的审查和处理。

（10）组织编写监理日志，参与编写监理月报。

（11）收集、汇总、参与整理监理文件资料。

（12）参与工程竣工预验收和竣工验收。

三、监理员职责——执行工作

（1）检查施工单位投入工程的人力、主要设备的使用及运行状况。

（2）进行见证取样。

（3）复核工程计量有关数据。

（4）检查工序施工结果。

（5）发现施工作业中的问题，及时指出并向专业监理工程师报告。

➢ **重点提示：** 监理员向专监报告；专监向总监报告；总监向建设单位报告。

【总结】总监和专监的工作职责区分见表 1-1-3。

表 1-1-3　总监和专监的工作职责区分

总监职责——组织工作	专监职责——参与工作
(1) 组织编制监理规划，审批监理实施细则； (2) 组织审核分包单位资格； (3) 组织审查和处理工程变更； (4) 组织验收分部工程，组织审查单位工程质量检验资料； (5) 审查施工单位的竣工申请，组织工程竣工预验收，组织编写工程质量评估报告，参与工程竣工验收； (6) 参与或配合工程质量安全事故的调查和处理； (7) 组织编写监理月报、监理工作总结，组织整理监理文件资料； (8) 组织审查施工组织设计、(专项) 施工方案； (9) 组织审核施工单位的付款申请，签发工程款支付证书，组织审核竣工结算； (10) 根据工程进展及监理工作情况调配监理人员，检查监理人员工作； (11) 组织检查施工单位现场质量、安全生产管理体系的建立及运行情况； (12) 确定项目监理机构人员及其岗位职责； (13) 组织召开监理例会； (14) 审查开复工报审表，签发工程开工令、暂行令和复工令； (15) 调解建设单位与施工单位的合同争议，处理工程索赔	(1) 参与编制监理规划，负责编制监理实施细则； (2) 参与审核分包单位资格； (3) 参与工程变更的审查和处理； (4) 验收检验批、隐蔽工程、分项工程，参与验收分部工程； (5) 参与工程竣工预验收和竣工验收； 【拓展】总监组织竣工预验收；建设单位组织竣工验收。 (6) 处置发现的质量问题和安全事故隐患； (7) 组织编写监理日志，参与编写监理月报； (8) 收集、汇总、参与整理监理文件资料； (9) 检查进场的工程材料、构配件、设备的质量； (10) 进行工程计量； 【注】监理员复核工程计量有关数据。 (11) 指导、检查监理员工作，定期向总监理工程师报告本专业监理工作实施情况； (12) 审查施工单位提交的涉及本专业的报审文件，并向总监理工程师报告

实战演练

[经典例题 · 多选] 根据《建设工程监理规范》(GB/T 50319—2013)，下列属于总监理工程师职责的有（　　）。

A. 组织编制监理实施细则　　B. 组织审核分包单位资格

C. 参与工程质量安全事故的调查和处理　　D. 组织编写监理日志

E. 组织工程竣工预验收

[解析] 选项 A 错误，总监理工程师审批监理实施细则。选项 D 错误，总监理工程师组织编写监理月报。

[答案] BCE

[经典例题 · 多选] 根据《建设工程监理规范》(GB/T 50319—2013)，下列属于专业监理工程师职责的有（　　）。

A. 处置发现的质量问题和安全事故隐患　　B. 组织编写监理月报

C. 负责编制监理实施细则　　D. 复核工程计量有关数据

E. 参与验收分项工程

[解析] 选项B错误，专业监理工程师组织编写监理日志。选项D错误，复核工程计量有关数据属于监理员的职责。选项E错误，专业监理工程师验收分项工程、隐蔽工程、检验批。

[答案] AC

[经典例题·多选] 根据《建设工程监理规范》（GB/T 50319—2013），下列可由总监理工程师代表行使的职责和权力有（　　）。

A. 签发工程开工令

B. 确定项目监理机构人员及其岗位职责

C. 审查施工组织设计

D. 组织审核分包单位资格

E. 组织竣工预验收

[解析] 经监理单位法定代表人同意，在总监理工程师书面授权后，由总监理工程师代表行使总监理工程师的部分职责和权力。但下列工作不得委托给总监理工程师代表：①组织编制监理规划，审批监理实施细则；②根据工程进展及监理工作情况调配监理人员；③组织审查施工组织设计、（专项）施工方案；④签发工程开工令、暂停令和复工令；⑤签发工程款支付证书，组织审核竣工结算；⑥调解建设单位与施工单位的合同争议，处理工程索赔；⑦审查施工单位的竣工申请，组织工程竣工预验收，组织编写工程质量评估报告，参与工程竣工验收；⑧参与或配合工程质量安全事故的调查和处理。

[答案] BD

考点 7　施工单位与项目监理机构相关的工作

施工单位与项目监理机构相关的工作有：施工准备及开工报审；施工过程中的报审报验；工程暂停情形；竣工报验及结算申请。

一、施工准备及开工报审

（1）参加图纸会审和设计交底会议——建设单位主持召开。

（2）报审施工组织设计——总监签认后报送建设单位。

（3）施工现场质量安全管理组织机构、制度及人员受检。

（4）报送工程开工报审表及相关资料——总监签署同意开工意见并报建设单位批准，建设单位签署同意后，监理机构才能发出开工令。

（5）报审分包单位资格。

（6）参加第一次工地会议——建设单位组织会议。

二、施工过程中的报审报验

（1）施工进度计划报审。

（2）施工方案或专项施工方案报审。

对达到一定规模、危险性较大的分部分项工程的专项施工方案，还要检查是否附具安全验算结果。对涉及深基坑、地下暗挖工程、高大模板工程的专项施工方案，还要检查施工单位组织专家进行论证、审查的情况。

（3）“四新”质量报审。（“四新”指新材料、新设备、新技术、新工艺）

（4）施工控制测量成果及保护措施报审。（测量人员的资格证书及测量设备检定证书；施工平面控制网、高程控制网和临时水准点的测量成果及控制桩的保护措施）

（5）试验室报审。（试验室的资质等级及试验范围；试验室管理制度；试验人员资格证书、法定计量部门对试验设备出具的计量检定证明）

（6）材料、构配件、设备质量报验。（质量证明文件：出厂合格证、质量检验报告、性能检测报告及施工单位的质量抽检报告）

（7）工程报验。（隐蔽工程、检验批、分项工程和分部工程质量）

（8）提出工程计量及付款申请。（监理机构复核实际完成工程量和应付金额后报建设单位审批）

（9）提出工程变更或索赔。

三、工程暂停情形——总监签发暂停施工令

（1）建设单位要求暂停施工且工程需要暂停施工的。

（2）施工单位未经批准擅自施工或拒绝项目监理机构管理的。

（3）施工单位未按审查通过的工程设计文件施工的。

（4）施工单位未按批准的施工组织设计、（专项）施工方案施工或违反工程建设强制性标准的。

（5）施工存在重大质量、安全事故隐患或发生质量、安全事故的。

四、竣工报验及结算申请

（1）竣工报验流程如图 1-1-5 所示。

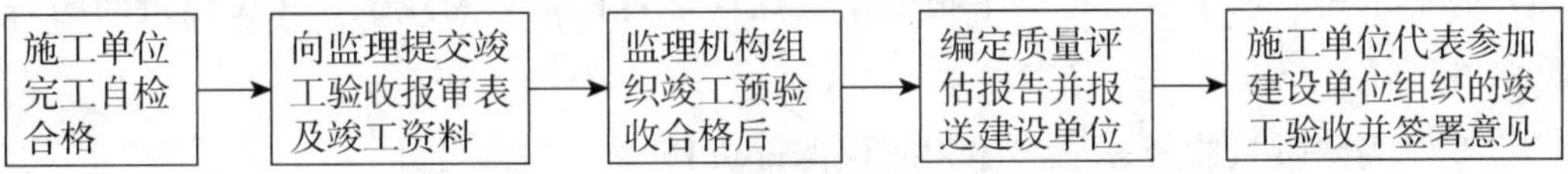

图 1-1-5　竣工报验流程

（2）竣工结算申请流程如图 1-1-6 所示。

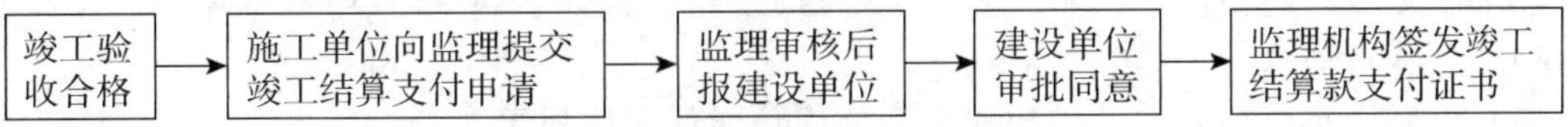

图 1-1-6　竣工结算申请流程

实战演练

［**经典例题·单选**］下列关于施工单位与项目监理机构相关工作的说法，正确的是（　　）。

A. 试验室报审属于施工准备阶段相关工作

B. 深基坑、地下暗挖、高大模板专项施工方案需要组织专家论证

C. 工程暂停令由专业监理工程师签发

D. 总监理工程师组织竣工验收

［解析］选项A错误，试验室报审属于施工过程中的相关工作。选项C错误，工程暂停令由总监理工程师签发。选项D错误，建设单位组织竣工验收。

［答案］B

考点 8 工程质量监督内容

工程实践中，政府监管部门通常会委托专门的工程质量监督机构具体实施工程质量监督管理。

受委托的工程质量监督机构应拥有一定数量、经考核合格且专业配套的工程质量监督人员，有固定的工作场所和适应工程质量监督检查工作需要的仪器、设备和工具等，有健全的工作制度和管理制度。

➤ **总结：**场地、人员、制度、工具。

工程质量监督主要是指对工程质量责任主体行为和工程实体质量进行的监督检查。

一、工程质量责任主体行为监督

（1）监督建设单位、勘察单位、设计单位、施工单位、工程监理单位的质量行为是否符合有关法律法规及工程建设标准规定。

（2）监督建设单位、勘察单位、设计单位、施工单位、工程监理单位的质量管理体系是否健全，质量责任是否得到落实。

（3）监督建设单位、勘察单位、设计单位、施工单位、工程监理单位的主要质量管理人员是否按规定进行了培训并考核合格。

（4）监督工程质量监督手续是否依法办理，工程竣工验收报告等是否按规定备案，竣工验收过程和程序是否符合规定。

（5）监督工程质量事故、投诉举报的调查处理是否符合有关规定，相关质量问题是否按要求整改落实。

二、工程实体质量监督——实体和质量保证资料

（一）工程实体质量抽查

工程质量监督机构对工程施工中关键工序和重要部位的质量进行监督检查。

（1）方式：抽查为主。

（2）内容：重点检查涉及结构安全和使用功能的实体质量。

（3）方法：目测、实测、仪器检测及核查质量安全保证资料，并做好监督检查记录。

（4）如有疑问，责成有关单位出具工程质量证明文件或直接委托有资质的检测机构进行检测。

（二）工程质量保证资料核验

（1）时间：工程质量保证资料的核验与工程实体质量的抽查同时进行。

（2）内容：①资料是否及时、准确、完整；②核查质量保证资料与工程实体质量是否相符，验证工程实体质量是否真实可靠。

实战演练

[经典例题·单选] 下列关于工程质量监督的说法，正确的是（　　）。

A. 有固定的工作场所和监督所需要的仪器、设备和工具

B. 对工程质量责任主体行为监督包括核验工程质量保证资料

C. 核验工程质量保证资料是在工程实体质量抽查之前

D. 质量监督机构对工程施工中装饰装修的质量进行抽检

[解析] 选项 B 错误，对工程质量实体监督包括核验工程质量保证资料。选项 C 错误，工程质量保证资料的核验和工程实体质量的抽查同时进行。选项 D 错误，质量监督机构对工程施工中关键工序、重要部位的质量进行抽检。

[答案] A

考点 9　工程质量监督程序

工程质量监督程序如图 1-1-7 所示。

审核办理工程质量监督手续 → 组织安排工程质量监督准备工作 → 组织实施工程施工质量监督 → 组织实施工程竣工验收质量监督

图 1-1-7　工程质量监督程序

一、审核办理工程质量监督手续

工程开工前，建设单位需要到规定的工程质量监督机构办理工程质量监督手续。对于经审核符合要求的向建设单位签发工程质量监督文件。

二、组织安排工程质量监督准备工作

（1）成立工程质量监督组，确定质量监督负责人。

（2）编制工程质量监督计划，并转发各参建单位。

（3）召开首次监督会议，明确相关职责。

（4）检查各方主体行为，确认具备开工条件。

三、组织实施工程施工质量监督

（1）监督工程参建各方主体质量行为。

（2）监督工程实体质量。

（3）监督工程质量保证资料。

监督过程中，发现隐患——整改（现场取证）；发现严重隐患或发生质量事故——立即责令停工。

四、组织实施工程竣工验收质量监督

工程竣工验收工作结束后，工程质量监督机构应出具工程质量监督报告。

工程质量监督报告必须由工程质量监督负责人签字确认，经工程质量监督机构负责人审核同意并加盖单位公章后出具。

实战演练

[经典例题·单选] 下列关于工程质量监督程序的说法，正确的是（　　）。

A. 工程开工初期，建设单位办理工程质量监督手续

B. 质量监督机构需要检查工程参建各方主体质量行为、工程实体质量以及工程质量保证资料

C. 工程质量监督机构发现存在严重质量事故隐患，应签发整改通知

D. 工程质量监督报告必须由工程质量监督机构负责人签字确认

[解析] 选项A错误，工程开工前，建设单位办理工程质量监督手续。选项C错误，工程质量监督机构发现存在严重质量事故隐患，应立即责令停工。选项D错误，工程质量监督报告必须由工程质量监督负责人签字确认，经工程质量监督机构负责人审核同意并加盖单位公章后出具。

[答案] B

第二节　施工项目管理组织与项目经理

考点 1 施工项目管理目标和任务

一、施工项目管理目标及其相互关系

施工项目管理是基于施工合同所界定工程范围的项目管理，施工方项目管理又可分为施工总承包项目管理和施工分包项目管理。

施工项目管理目标包括施工进度、施工质量、施工成本和施工安全、绿色施工（实现"四节一环保"的施工活动），五大目标相互影响、相互依存、相互制约，是一个不可分割的整体。

施工质量、施工安全是施工项目管理的核心，必须在确保施工质量、施工安全的前提下，协调其他目标努力实现。

二、施工项目管理任务

施工单位项目管理任务包括工程合同管理、施工组织协调、施工目标控制（进度、质量、成本）、施工安全管理、施工风险管理、施工信息管理和绿色施工管理。（"三控五管一协调"）

（1）施工目标控制包括对承包工程施工进度、施工质量和施工成本进行的控制。施工目标控制是施工项目管理的核心任务。

（2）施工安全管理是施工项目管理的重要任务。对于危险性较大的分部分项工程，须编制专项施工方案并经施工单位技术负责人、总监理工程师签字后实施。

（3）施工项目经理是其所负责项目绿色施工管理的第一责任人。

（4）在施工组织设计中要单独编制绿色施工方案。

实战演练

[经典例题·多选] 下列关于施工项目管理目标和任务的说法，正确的有（　　）。

A. 施工方项目管理包括工程总承包的项目管理

B. 绿色施工是实现节能、节地、节水、节材、环境保护的施工活动

C. 施工项目经理是其所负责项目绿色施工管理的第一责任人

D. 对于危险性较大的分部分项工程，须编制专项施工方案并经项目技术负责人、总监理工程师签字后实施

E. 施工目标控制是施工项目管理的核心任务

[解析] 选项A错误，施工方项目管理包括施工总承包项目管理和分包项目管理，工程总承包涉及任务量更广泛，不能单纯称之为施工方项目管理。选项D错误，对于危险性较大的分部分项工程，须编制专项施工方案并经企业技术负责人、总监理工程师签字后实施。

[答案] BCE

考点 2　施工项目管理组织结构形式

一、直线式组织结构——职位垂直排列

直线式组织结构如图1-2-1所示。

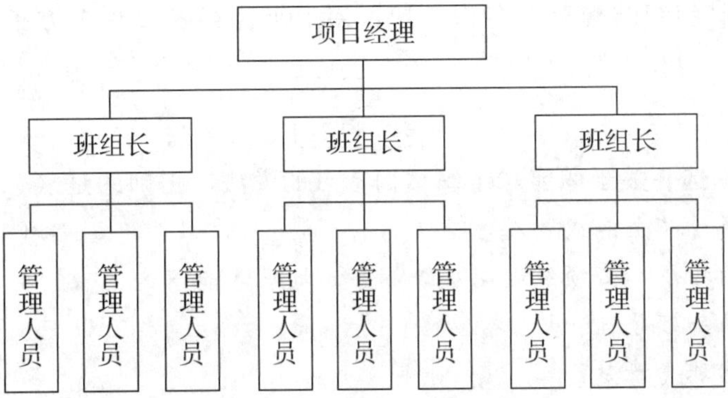

图1-2-1　直线式组织结构

特点：最简单的组织结构形式。项目经理直接进行单线垂直领导。

优点：结构简单、权力集中、易于统一指挥、隶属关系明确、职责分明、决策迅速。

缺点：项目经理没有参谋和助手，需要通晓各种业务，成为“全能式”人才。无法实现专业化，不利于提高项目管理水平。

实战演练

[经典例题·单选] 工程项目管理组织机构采用直线制形式的主要优点是（　　）。

A. 管理业务专门化，提高工程质量

B. 部门间横向联系强，管理效率高

C. 隶属关系明确，易实现统一指挥

D. 集权与分权结合，管理机构灵活

[解析] 选项 A 错误，直线式组织结构没有职能部门，无法实现管理业务专门化。选项 B 错误，直线式组织结构无横向联系。选项 D 错误，直线式组织结构只有集权，没有分权。

[答案] C

二、职能式组织结构

职能式组织结构如图 1-2-2 所示。

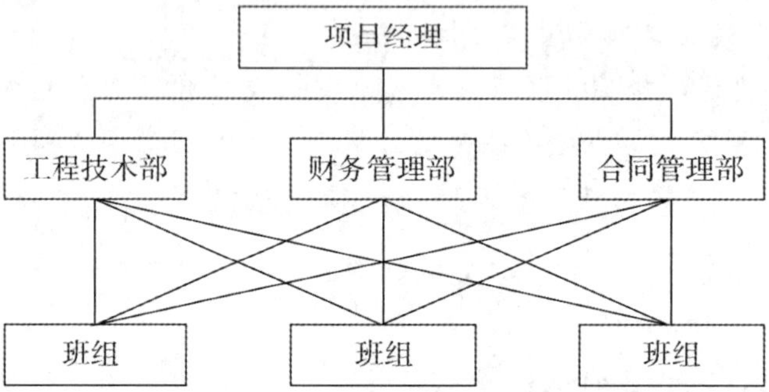

图 1-2-2 职能式组织结构

优点：强调管理业务专门化，由于管理人员业务工作专业化，易于提高工作质量，同时可以减轻领导者负担。

缺点：由于这种组织结构存在多头领导，使下级执行者接受多方指令，容易造成职责不清。

实战演练

[经典例题·单选] 关于职能式组织结构特点的说法，正确的是（　　）。

A. 项目经理属于“全能式”人才

B. 职能部门的指令，必须经过同层级领导的批准才能下达

C. 容易形成多头领导

D. 下级执行者职责清楚

[解析] 选项 A 错误，“全能式”项目经理是直线式的特点。选项 B 错误，职能部门的指令，必须经过同层级领导的批准才能下达属于直线职能式组织结构的特点，职能式组织结构各个职能部门直接向班组下达指令，无须得到项目经理同意。选项 D 错误，每个班组有多个指令源，职责不清。

[答案] C

三、直线职能式组织结构

直线职能式组织结构如图 1-2-3 所示。

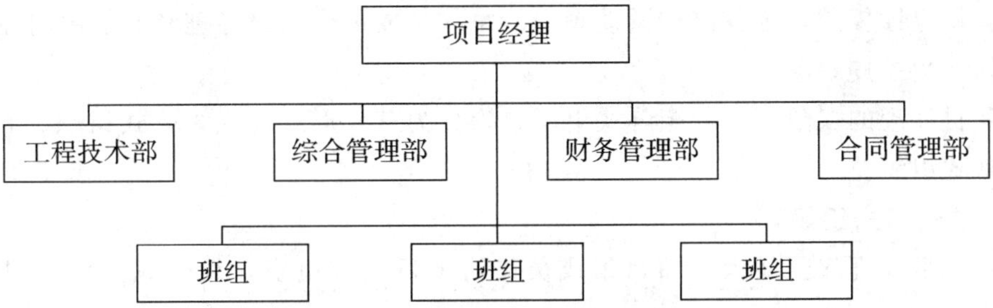

图 1-2-3　直线职能式组织结构

职能部门只作为相应层级领导的参谋，不直接指挥下级。职能部门的指令，必须经过同层级领导的批准才能下达。各管理层级之间按直线式组织结构原理构成直接上下级关系。

优点：集中领导、职责清楚，有利于提高管理效率。

缺点：各职能部门之间的横向联系差，信息传递路线长，职能部门与指挥者之间容易产生矛盾。

实战演练

[经典例题·单选] 直线职能式组织结构的特点是（　　）。

A. 信息传递路径较短　　B. 容易形成多头领导

C. 各职能部门间横向联系强　　D. 各职能部门职责清楚

[解析] 选项 A 错误，信息传递路径较长。选项 B 错误，容易形成多头领导的是职能式组织结构的特点。选项 C 错误，各职能部门没有很强的横向联系，职能部门都向项目经理提供建议，项目经理总体衡量后再向班组下达指令。

[答案] D

四、矩阵式组织结构——双重领导

矩阵式组织结构如图 1-2-4 所示。

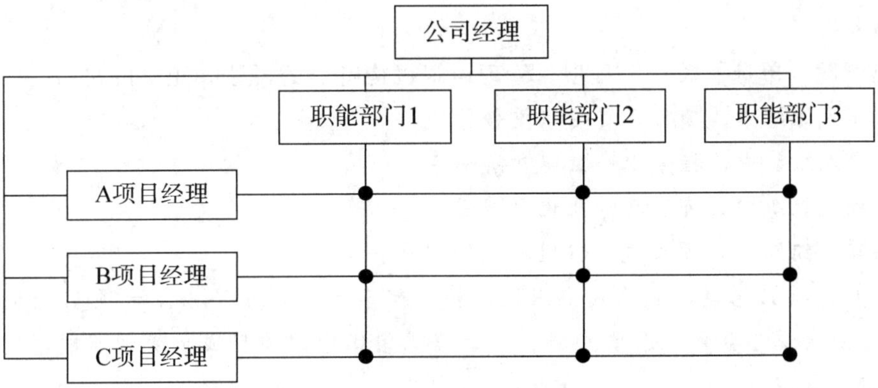

图 1-2-4　矩阵式组织结构

特点：每个工程项目的各管理人员从各职能部门临时抽调，归项目经理统一管理，待工程完工交付使用后又回到原职能部门。

优点：灵活组建团队，实现集权与分权的结合，有利于调动各类人员的工作积极性，使项目管理工作顺利进行。

缺点：稳定性较差，工作岗位调动频繁。每一位成员受项目经理和职能部门经理的双重领导，容易产生扯皮现象。

按照项目经理的权限不同，矩阵式组织结构分为三种形式：强矩阵式组织、中矩阵式组织和弱矩阵式组织。

（一）强矩阵式组织

特点：项目经理权限最大。项目组成员只对项目经理负责，绩效完全由项目经理进行考核。

适用条件：技术复杂且时间紧迫的工程项目——“难”。

（二）中矩阵式组织（平衡矩阵式组织）

特点：项目经理权限适中（被授予一定权力）。

适用条件：中等技术复杂程度且建设周期较长的工程项目——“适中”。

（三）弱矩阵式组织

特点：项目经理权限最小（或者不设项目经理），仅作为项目协调者或监督者，不作为管理者。员工绩效由职能部门经理进行考核。

适用条件：技术简单的工程项目——“易”。

实战演练

[经典例题·单选] 下列项目管理组织机构形式中，未明确项目经理角色的是（　　）组织机构。

A. 职能制

B. 弱矩阵制

C. 平衡矩阵制

D. 强矩阵制

[解析] 只有弱矩阵制组织机构可以不设项目经理。

[答案] B

[经典例题·单选] 关于工程项目管理组织机构特点的说法，正确的是（　　）。

A. 矩阵式组织中，项目成员受双重领导

B. 职能式组织中，指令唯一且职责清晰

C. 直线式组织中，可实现专业化管理强

D. 矩阵式组织中，项目成员仅对职能经理负责

[解析] 选项B错误，职能式组织中，指令有多个且职责不清。选项C错误，直线式组织中，无法实现专业化。选项D错误，矩阵式组织中，项目成员受到职能部门经理和项目经理双重领导。

[答案] A

［经典例题·多选］某施工单位采用图 1-2-5 所示的组织结构模式，则关于该组织结构模式的说法，正确的有（　　）。

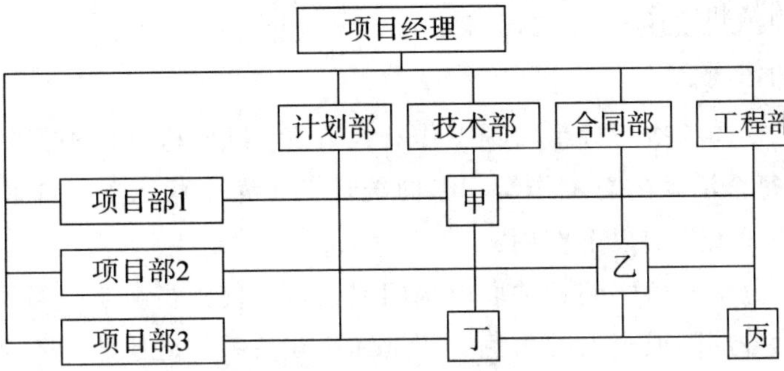

图 1-2-5　组织结构

A. 技术部可以对甲、乙、丙、丁直接下达指令

B. 工程部可以对甲、乙、丙、丁直接下达指令

C. 甲工作涉及的指令源有 2 个，即项目部 1 和技术部

D. 该组织结构属于矩阵式

E. 当属于强矩阵时，乙绩效完全由项目部 2 中项目经理进行考核

［解析］选项 A 错误，技术部可以对甲、丁直接下达指令。选项 B 错误，工程部仅可以对丙直接下达指令。

［答案］CDE

➤ **总结：**施工项目管理组织结构形式总结见表 1-2-1。

表 1-2-1　施工项目管理组织结构形式总结

	直线式	职能式	直线职能式	矩阵式
项目经理统一指挥	√	×	√	分权
专业化（职能部门）	×	√	√	√
几个领导	1	多	1	2
职责清楚	√	×	√	管理人员职责清楚 双重领导可能扯皮

考点 3　责任矩阵

一、责任矩阵的编制

责任矩阵是项目管理的重要工具。通过编制责任矩阵，可以清楚地表示每一个成员在项目实施过程中所承担的责任。可按下列程序进行：

（1）列出需要完成的项目管理任务。

（2）列出参与项目管理的个人或职能部门名称。

（3）以项目管理任务为行，以执行任务的个人或部门为列，画出纵横交叉的责任矩阵图。

（4）用不同字母或符号表示项目管理任务与执行者的责任关系。

①负责人（P）为★；② 参与者（S）为▲；③审批者（R）为●。

（5）检查各职能部门或人员的项目管理任务分配是否均衡适当。有过度分配或者分配不当的，则需要进行调整和优化。

二、责任矩阵的作用

在责任矩阵中，横向检查可确保每项工作有人负责；纵向检查可确保每个人至少负责一件“事”。横向统计每个活动的总工作量，纵向统计每个角色投入的总工作量。在施工项目管理中运用责任矩阵，主要起以下作用：

（1）将具体任务分配、落实到相关职能部门或人员，使人员分工一目了然。

（2）清楚地显示各部门或个人的角色、职责和相互关系，避免职责不清而出现推诿、扯皮现象。

（3）有利于项目经理从总体上分析管理任务的分配是否平衡适当，以便进行必要的调整和优化。

实战演练

[经典例题·单选] 下列有关责任矩阵的说法，正确的是（　　）。

A. 编制责任矩阵的首要环节是列出参与项目管理的个人或职能部门名称

B. 责任矩阵编完后不能调整

C. 责任矩阵能清楚地显示各部门或个人的角色、职责和相互关系

D. 责任矩阵横向统计每个角色投入的总工作量

[解析] 选项A错误，编制责任矩阵的首要环节是列出需要完成的项目管理任务，选项A是第二步。选项B错误，责任矩阵有利于项目经理从总体上分析管理任务的分配是否平衡适当，以便进行必要的调整和优化。选项D错误，责任矩阵横向统计每个活动投入的总工作量，纵向统计每个角色投入的总工作量。

[答案] C

考点 4 施工项目经理的职责

施工项目经理是由企业法定代表人授权对施工项目进行全面管理的责任人。承包人更换项目经理应事先征得建设单位同意，并应在更换14天前通知发包人和监理人。承包人项目经理短期离开施工场地，应事先征得监理人同意，并委派代表代行其职责。

施工项目经理应具备以下条件：

（1）具有工程建设类相应职业资格，并应取得安全生产考核合格证书。

（2）具有良好的身体素质，恪守职业道德，诚实守信，不得有不良行为记录。

（3）具有建设工程施工现场管理经验和项目管理业绩，并应具备下列专业知识和能力：

①施工项目管理范围内的工程技术、管理、经济、法律法规及信息化知识。

②施工项目实施策划和分析解决问题的能力。

③施工项目目标管理及过程控制的能力。

④组织、指挥、协调与沟通能力。

➢ **总结**：有证、有素质、有能力。

实战演练

[经典例题·多选] 根据《标准施工招标文件》通用合同条款规定，关于项目经理的说法，正确的有（　　）。

A. 施工项目经理是企业法定代表人

B. 承包人更换项目经理应事先征得监理同意

C. 承包人更换项目经理应在14天前通知发包人和监理人

D. 承包人项目经理短期离开施工场地，应事先征得建设单位同意

E. 项目经理需具有工程建设类相应职业资格，并应取得安全生产考核合格证书

[解析] 选项A错误，施工项目经理是受企业法定代表人授权对施工项目进行全面管理的责任人。选项B错误，承包人更换项目经理应事先征得建设单位同意。选项D错误，承包人项目经理短期离开施工场地，应事先征得监理同意。

[答案] CE

考点 5 施工项目经理的职责

《建设工程施工项目经理岗位职业标准》（T/CCIAT 0010—2019）规定，项目经理应履行并不限于下列职责：

（1）依据企业规定组建项目经理部，组织制定项目管理岗位职责，明确项目团队成员职责分工。

（2）执行企业各项规章制度，组织制定和执行施工现场项目管理制度。

（3）组织项目团队成员进行施工合同交底和项目管理目标责任分解。

（4）在授权范围内组织编制和落实施工组织设计、项目管理实施规划、施工进度计划、绿色施工及环境保护措施、质量安全技术措施、施工方案和专项施工方案。

（5）在授权范围内进行项目管理指标分解，优化项目资源配置，协调施工现场人力资源安排，并对工程材料、构配件、施工机具设备等资源的质量和安全使用进行全程监控。

（6）组织项目团队成员进行经济活动分析，进行施工成本目标分解和成本计划编制，制定和实施施工成本控制措施。

（7）建立健全协调工作机制，主持工地例会，协调解决工程施工问题。

（8）依据施工合同配合企业或受企业委托选择分包单位，组织审核分包工程款支付申请。

（9）组织与建设单位、分包单位、供应单位之间的结算工作，在授权范围内签署结算文件。

（10）建立和完善工程档案文件管理制度，规范工程资料管理及存档程序，及时组织汇总工程结算和竣工资料，参与工程竣工验收。

（11）组织进行缺陷责任期工程保修工作，组织项目管理工作总结。

《标准施工招标文件》通用合同条款规定，承包人项目经理可以授权其下属人员履行其

某项职责，但事先应将这些人员的姓名和授权范围通知监理人。

➤ **总结**：组织定职责、定制度、合同交底、编制施工组织设计（计划、措施）、资源安排、经济分析、解决问题、受托选分包、结算工作、资料管理、保修工作、工作总结。

实战演练

[经典例题·多选] 根据《建设工程施工项目经理岗位职业标准》（T/CCIAT 0010—2019）规定，下列属于施工方项目经理的职责有（　　）。

A. 参与编制和落实项目管理实施规划

B. 主持工地例会

C. 参与工程竣工验收

D. 确保项目建设资金的落实到位

E. 受企业委托选择分包单位

[解析] 选项A错误，项目经理组织编制和落实项目管理实施规划。选项D错误，确保项目建设资金的落实到位属于建设单位的工作。

[答案] BCE

考点 6 施工项目经理的权限

《建设工程施工项目经理岗位职业标准》（T/CCIAT 0010—2019）规定，项目经理应具有并不限于下列权限：

（1）参与项目投标及施工合同签订。

（2）参与组建项目经理部，提名项目副经理、项目技术负责人，选用项目团队成员。

（3）主持项目经理部工作，组织制定项目经理部管理制度。

（4）决定企业授权范围内的资源投入和使用。

（5）参与分包合同和供货合同签订。

（6）在授权范围内直接与项目相关方进行沟通。

（7）根据企业考核评价办法组织项目团队成员绩效考核评价，按企业薪酬制度拟定项目团队成员绩效工资分配方案，提出不称职管理人员解聘建议。

➤ **重点提示**：3参与、2授权、1制定、1考核。

实战演练

[经典例题·多选] 根据《建设工程施工项目经理岗位职业标准》（T/CCIAT 0010—2019）规定，下列属于施工方项目经理权限的有（　　）。

A. 主持项目的投标工作

B. 参与分包合同和供货合同签订

C. 组织制定项目经理部管理制度

D. 参与组建项目经理部

E. 参与项目经理部工作

[解析] 选项A错误，项目经理参与项目的投标工作。选项E错误，主持项目经理部工作。

[答案] BCD

第三节　施工组织设计与项目目标动态控制

考点 1 施工项目实施策划

一、策划准备工作

（一）成立策划领导小组，移交资料和交底

领导小组组长由企业主管生产副总经理或技术负责人担任，有关职能部门负责人、施工项目经理及技术负责人作为小组成员。企业经营开发部门应及时将下列文件资料移交给工程管理部门：中标通知书；招标文件；投标文件；报价资料；标前调查资料等。

（二）编制施工调查提纲，组织进行施工调查

企业工程管理部门应负责编制施工调查提纲，并组织有关人员进行施工调查。施工调查包括以下主要内容：设计概况、技术条件、工程概况、自然环境、临设条件、资源供应、政府规定、社会环境。

二、进行项目实施策划

（一）主要策划内容

确定项目管理目标、施工任务划分、组织机构建立、施工组织总体安排等事项，提出重难点工程施工方案、大型临时设施建设方案和标准，进行施工队伍部署、主要资源配置等。

（二）策划职责分工

工程管理部门，人力资源管理部门，安全、质量、环保管理部门，财务管理部门，施工机械管理部门，工程物资管理部门，技术管理部门，文化建设管理部门的职责分工。

三、编制项目实施策划书

按照职责分工进行项目实施策划后，应由工程管理部门汇总编制项目实施策划书。

考点 2 施工组织设计

一、施工组织设计的编制依据

对施工单位而言，施工投标时要编制标前施工组织设计，依此进行投标报价；中标后要编制标后施工组织设计，进一步细化有关内容。

施工组织设计的编制依据如下。

（1）工程建设有关法律法规及政策。
（2）工程建设标准和技术经济指标。
（3）工程设计文件。
（4）工程招标投标文件或施工合同文件。
（以上（1）～（4）：要求）

（5）工程现场条件，工程地质及水文地质、气象等自然条件。现状

（6）与工程有关的资源供应情况。
（7）施工单位的生产能力、机具设备状况及技术水平等。
（以上（6）～（7）：需求）

实战演练

[经典例题·多选] 施工组织设计的编制依据包括（　　）。

A. 施工合同文件　　B. 工程设计文件

C. 施工方法及工艺要求　　D. 施工单位机具设备状况

E. 施工总平面布置

[解析] 施工组织设计的编制依据：①工程建设有关法律法规及政策；②工程建设标准和技术经济指标；③工程设计文件；④工程招标投标文件或施工合同文件；⑤工程现场条件，工程地质及水文地质、气象等自然条件；⑥与工程有关的资源供应情况；⑦施工单位的生产能力、机具设备状况及技术水平等。

[答案] ABD

二、三种不同的施工组织设计

三种不同的施工组织设计见表1-3-1。

表1-3-1　三种不同的施工组织设计

施工组织设计	施工组织总设计	单位工程施工组织设计	施工方案
编制对象	群体工程或特大型项目（对项目统筹规划、重点控制）	单位（子单位）工程	重要的、技术复杂的、新工艺分部（分项）工程
内容	工程概况	工程概况	工程概况
	总体施工部署	施工部署	施工安排
	施工总进度计划	施工进度计划	施工进度计划
	总体施工准备与主要资源配置计划	施工准备与资源配置计划	施工准备与资源配置计划
	主要施工方法	主要施工方案	施工方法及工艺要求
	施工总平面布置	施工现场平面布置	—

实战演练

[经典例题·多选] 施工组织总设计的主要内容包括（　　）。

A. 总体施工部署　　B. 施工总进度计划

C. 施工方法及工艺要求　　D. 总体施工准备

E. 施工总平面布置

[解析] 施工组织总设计的主要内容包括：①工程概况；②总体施工部署；③施工总进度计划；④总体施工准备与主要资源配置计划；⑤主要施工方法；⑥施工总平面布置。

[答案] ABDE

（一）单位工程施工部署

单位工程施工部署是施工组织总设计的纲领性内容，统筹规划和全面安排施工过程。主要包括以下内容：

（1）工程项目施工目标。（五大目标）

（2）进度安排及空间组织。

①明确主要施工内容及进度安排，施工顺序符合工序逻辑关系。

②施工流水段进行合理划分，并说明划分依据及流水方向，确保均衡流水施工。

（3）施工重点和难点分析。包括组织管理和施工技术两个方面。

（4）工程管理组织结构形式。

（5）“四新”使用部署或要求。

（6）分包单位要求。

实战演练

[经典例题·单选] 下列属于单位工程施工组织设计纲领性内容的是（　　）。

A. 施工进度计划　　B. 施工方法

C. 施工现场平面布置　　D. 施工部署

[解析] 单位工程施工组织设计纲领性内容是施工部署。

[答案] D

[经典例题·单选] 在单位工程施工组织设计文件中，施工流水段划分一般属于（　　）的内容。

A. 工程概况　　B. 施工进度计划

C. 施工部署　　D. 主要施工方案

[解析] 施工部署中的进度安排和空间组织应符合下列要求：①应明确说明工程主要施工内容及进度安排，施工顺序应符合工序逻辑关系；②施工流水段应结合工程具体情况分阶段进行合理划分，并说明划分依据及流水方向，确保均衡流水施工。

[答案] C

（二）施工进度计划

施工进度计划是根据施工部署要求，为实现预先设定的工期目标，对各项施工过程的施工顺序、起止时间和相互衔接关系进行的统筹策划和安排。

施工总进度计划和施工进度计划的编制程序见表 1-3-2。

表 1-3-2　施工总进度计划和施工进度计划的编制程序

施工总进度计划的编制程序	施工进度计划的编制程序
（1）计算工程量（单位工程）； （2）确定各单位工程施工期限； （3）确定各单位工程的开竣工时间和相互搭接关系； （4）编制初步施工总进度计划； （5）形成正式的施工总进度计划	（1）划分工作项目（分项工程或更具体）； （2）确定施工顺序（受施工工艺和施工组织两因素制约）； （3）计算工程量； （4）计算劳动量和机械台班数； （5）确定工作项目的持续时间（最小工作面限定了每班施工人数的上限，而最小劳动组合限定了每班施工人数的下限）； （6）编制初始施工进度计划； （7）施工进度计划的调整和优化

实战演练

[经典例题·单选] 编制单位工程施工进度计划时，确定工作项目持续时间需要考虑每班工人数量、限定每班工人数量上限的因素是（　　）。

A. 工作项目工程量　　B. 最小劳动组合

C. 人工产量定额　　D. 最小工作面

[解析] 最小工作面限定了每班施工人数的上限，而最小劳动组合限定了每班施工人数的下限。

[答案] D

[经典例题·多选] 施工总进度计划是施工组织总设计的主要组成部分，编制施工总进度计划的主要工作有（　　）。

A. 确定总体施工准备条件

B. 计算工程量

C. 确定各单位工程和施工期限

D. 确定各单位工程的开竣工时间和相互搭接关系

E. 确定主要施工方法

[解析] 编制施工总进度计划的主要工作有：①计算工程量（单位工程）；②确定各单位工程施工期限；③确定各单位工程的开竣工时间和相互搭接关系；④编制初步施工总进度计划；⑤形成正式的施工总进度计划。

[答案] BCD

（三）单位工程施工准备与资源配置计划

（1）施工准备包括技术准备、现场准备和资金准备等。

（2）资源配置计划包括劳动力配置计划和物资配置计划（材料、设备、周转材料、施工机具的配置计划）。

（四）单位工程主要施工方案

对脚手架工程、起重吊装工程、临时用水用电工程、季节性施工等专项工程所采用的施工方案应进行必要的验算和说明。

实战演练

[经典例题·多选] 在单位工程施工组织设计中，资源配置计划包括（　　）。

A. 劳动力配置计划　　B. 主要周转材料配置计划

C. 监理人员配置　　D. 工程材料和设备配置计划

E. 计量、测量和检验仪器配置计划

[解析] 单位工程施工准备与资源配置计划：①施工准备，包括技术准备、现场准备和资金准备等；②资源配置计划，包括劳动力配置计划和物资配置计划（材料、设备、周转材料、施工机具的配置计划）。

[答案] ABDE

［经典例题·多选］应对主要分部、分项工程制定施工方案，并对（　　）专项工程所采用的施工方案进行必要的验算和说明。

A. 模板工程　　B. 起重吊装工程

C. 临时用水用电工程　　D. 基坑支护

E. 季节性施工

［解析］应对主要分部、分项工程制定施工方案，并对脚手架工程、起重吊装工程、临时用水用电工程、季节性施工等专项工程所采用的施工方案进行必要的验算和说明。

［答案］BCE

（五）施工总平面布置

在施工用地范围内，对各项生产、生活设施及其他辅助设施等进行总体规划和布置。

施工总平面布置原则如下。

（1）平面布置科学合理，施工场地占用面积少。

（2）合理组织运输，减少二次搬运。

（3）施工区域划分和场地临时占用应符合总体施工部署和施工流程要求，减少相互干扰。

（4）充分利用既有建（构）筑物和既有设施为工程施工服务，降低临时设施建造费用。

（5）临时设施应方便生产、生活，办公区、生活区和生产区宜分离设置。

（6）符合节能、环保、安全和消防等要求。

（7）遵守工程所在地政府建设主管部门和建设单位关于施工现场安全文明施工的相关规定。

实战演练

［经典例题·单选］根据施工总进度计划，进行施工总平面布置时，办公区、生活区和生产区宜（　　）。

A. 分离设置，满足节能，环保、安全和消防等要求

B. 集中布置，布置在建筑红线和建筑中间，减少二次搬运

C. 充分利用既有建筑物和既有设施，增加生活区临时配套设施

D. 建在红线下

［解析］施工总平面布置原则：①平面布置科学合理，施工场地占用面积少；②合理组织运输，减少二次搬运；③施工区域划分和场地临时占用应符合总体施工部署和施工流程要求，减少相互干扰；④充分利用既有建（构）筑物和既有设施为工程施工服务，降低临时设施建造费用；⑤临时设施应方便生产、生活，办公区、生活区和生产区宜分离设置；⑥符合节能、环保、安全和消防等要求；⑦遵守工程所在地政府建设主管部门和建设单位关于施工现场安全文明施工的相关规定。

［答案］A

考点 3 施工组织设计的编制、审批及动态调整

一、施工组织设计的编制和审批

施工组织设计的编制和审批见表1-3-3。

表1-3-3 施工组织设计的编制和审批

分类	施工组织总设计	单位工程施工组织设计	施工方案	规模较大的分部（分项）工程施工方案	重点、难点分部（分项）工程施工方案和针对危险性较大的分部分项工程专项施工方案
编制	项目负责人（项目经理）主持编制				
审批签字	总承包单位技术负责人审批	施工单位技术负责人或技术负责人授权的技术人员审批	项目技术负责人审批	施工单位技术负责人或技术负责人授权的技术人员审批	施工单位技术部门组织相关专家评审，施工单位技术负责人批准

注意：由专业承包单位施工的分部（分项）工程或专项工程的施工方案，应由专业承包单位技术负责人或技术负责人授权的技术人员审批；有总承包单位时，应由总承包单位项目技术负责人核准备案。

实战演练

[经典例题·单选] 根据《建筑施工组织设计规范》（GB/T 50502—2009），施工组织总设计应由（　　）主持编制。

A. 总承包单位技术负责人　　B. 施工项目负责人

C. 总承包单位法定代表人　　D. 施工项目技术负责人

[解析] 施工组织总设计应由施工项目负责人主持编制。

[答案] B

[经典例题·单选] 根据《建筑施工组织设计规范》，单位工程施工组织设计应由（　　）审批。

A. 建设单位项目负责人

B. 施工项目负责人

C. 施工单位技术负责人

D. 施工项目技术负责人

[解析] 单位工程施工组织设计应由施工单位技术负责人审批。

[答案] C

二、施工组织设计的动态管理

（1）工程施工过程中发生下列情形时，应及时对施工组织设计进行修改或补充：

①工程设计有重大修改。

②有关法律、法规及标准的实施、修订和废止。

③主要施工方法有重大调整。

④主要施工资源配置有重大调整。

⑤施工环境有重大改变。

（2）经修改或补充的施工组织设计应重新审批后实施。

（3）工程施工前，应进行施工组织设计的逐级交底。工程施工过程中，应对施工组织设计的执行情况进行检查、分析并适时进行调整。

实战演练

［经典例题·多选］下列具体情况中，施工组织设计应及时进行修改或补充的有（　　）。

A. 由于施工规范发生变更导致需要调整预应力钢筋施工工艺

B. 由于国际钢材市场价格大涨导致进口钢材无法及时供料，严重影响工程施工

C. 由于自然灾害导致工期严重滞后

D. 施工单位发现设计图纸存在严重错误，无法继续施工

E. 设计单位应业主要求对工程设计图纸进行了细微修改

［解析］工程施工过程中发生下列情形时，应及时对施工组织设计进行修改或补充：①工程设计有重大修改；②有关法律、法规及标准的实施、修订和废止；③主要施工方法有重大调整；④主要施工资源配置有重大调整；⑤施工环境有重大改变。

［答案］ABCD

考点 4 施工项目目标动态控制

一、施工项目目标体系构建

（一）施工项目总目标的分析论证

（1）确保工程质量、施工安全、绿色施工及环境管理目标符合工程建设强制性标准。

（2）定性分析与定量分析相结合。

定性分析：质量。

定量分析：进度、成本。

（3）不同施工项目的各个目标可具有不同的优先等级。

（二）施工项目总目标的分解

施工项目多级目标体系如图 1-3-1 所示。

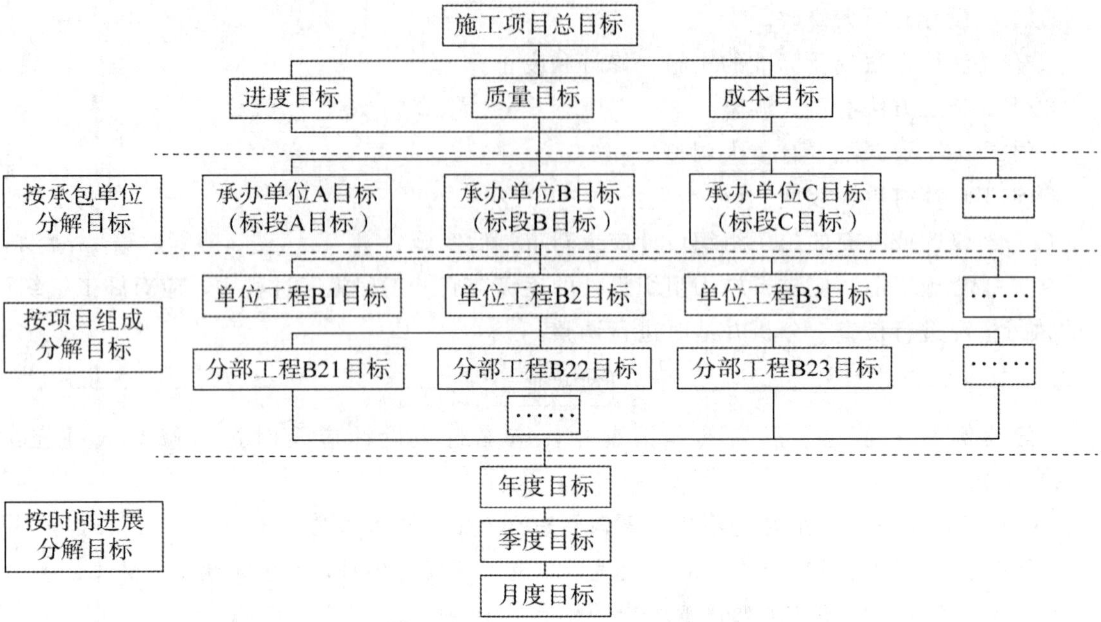

图 1-3-1　施工项目多级目标体系

实战演练

［**经典例题·多选**］施工项目目标体系是有效控制施工项目目标的基本前提，也是施工项目管理是否成功的重要判据，下列说法正确的有（　　）。

A. 确保工程质量、施工安全、绿色施工及环境管理目标符合工程建设强制性标准

B. 定性分析与定量分析相结合，其中质量目标属于定性分析

C. 不同标段目标属于按项目组成分解的目标

D. 公路项目目标可按项目组成分解为桥梁工程目标、隧道工程目标、道路工程目标

E. 施工项目的进度、质量、成本目标的优先顺序固定不变

［**解析**］选项 C 错误，不同标段目标属于按承包单位分解的目标。选项 E 错误，有的施工项目工期紧迫，有的施工项目资金紧张，有的施工项目技术复杂等，从而决定了进度、质量、成本目标在不同施工项目中具有不同的优先等级。

［**答案**］ABD

二、施工项目目标动态控制过程及措施

（一）施工项目目标动态控制过程

施工项目目标动态控制过程如图 1-3-2 所示。

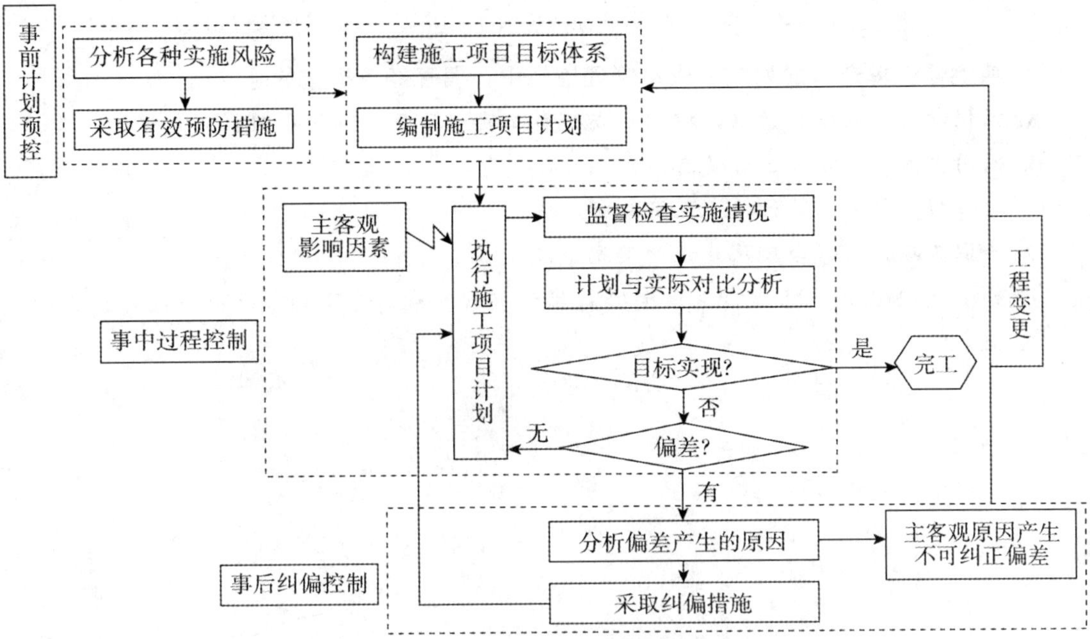

图 1-3-2　施工项目目标动态控制过程

（二）施工项目目标控制措施

施工项目目标控制措施见表 1-3-4。

表 1-3-4　施工项目目标控制措施

措施类别	举例
组织措施 （组织、制度、机制）	（1）建立健全组织机构和规章制度，配备管理人员并明确岗位职责分工； （2）完善沟通机制，促进各单位、各部门间协同工作； （3）强化激励机制，调动和发挥员工的积极性和创造性； （4）建立考评机制，通过绩效考核实现持续改进
技术措施 （施工、技术方法）	（1）编制施工组织设计、施工方案； （2）改进施工方法和施工工艺，采用更先进的施工机具； （3）采用"四新"技术并组织专家论证其可靠性和适用性； （4）采用工程网络计划技术、价值工程、挣值分析等方法和数字化、智能化技术进行动态控制
经济措施 （资金、成本、结算）	明确施工责任成本，落实加快施工进度所需资金，完善施工成本节约奖励措施，对工程变更方案进行技术经济分析，及时办理工程价款结算和支付手续等
合同措施 （合同）	投标报价环节 → 合同签订环节 → 施工履行环节 投标报价环节：分析风险、制定对策 合同签订环节：合同条款、奖励条款 施工履行环节：合同交底、合同执行、处理变更、加工索赔

实战演练

[**经典例题·单选**] 下列施工成本管理措施中，属于经济措施的是（　　）。

A. 强化动态控制中的激励，调动和发挥员工实现项目目标的积极性和创造性

B. 采用价值工程方法进行动态控制

C. 对工程变更方案进行技术经济分析

D. 争取工期提前、合理化建议的奖励条款

[**解析**] 选项 A 属于组织措施；选项 B 属于技术措施；选项 D 属于合同措施。

[**答案**] C

第二章

施工招标投标与合同管理

名师导学

本章包括“施工招标投标”“合同管理”“施工承包风险管理及担保保险”三节内容，考查分值较高。招标与投标、索赔的内容，不仅在各科考试中为考查重点，而且在工作中也经常用到，因此应采用理论与实际相结合的方法进行学习。合同管理常作为项目经理必备的一项基本能力，应重点掌握。施工承包风险管理及担保保险的内容可作为次重点。

第一节　施工招标投标

考点 1 施工招标

一、建设工程施工招标应该具备的条件

（1）招标人依法成立。

（2）初步设计及概算应当履行审批手续的，已经批准。

（3）招标范围、招标方式和招标组织形式等应当履行核准手续的，已经核准。

（4）有相应资金或资金来源已经落实。

（5）有招标所需的设计图纸及技术资料。

二、招标的方式

（1）公开招标：无限竞争性招标（工作量比较大，耗时长，费用高）。

（2）邀请招标：邀请参加投标（需经过批准）。

采用邀请招标方式，应向 3 个以上具备承担招标项目的能力、资信良好的特定法人或者其他组织发出投标邀请书。

三、招标信息的发布与修正

（一）招标信息的发布

根据《招标公告和公示信息发布管理办法》（国家发改委令第 10 号），依法必须招标项目的招标公告和公示信息应当在“中国招标投标公共服务平台”或者项目所在地省级电子招标投标公共服务平台发布。

（1）拟发布的招标公告和公示信息文本应当由招标人或其招标代理机构盖章，并由主要负责人或其授权的项目负责人签名。

（2）依法必须招标项目的招标公告和公示信息除在发布媒介发布外，招标人或其招标代理机构也可以同步在其他媒介公开，并确保内容一致，同时必须注明信息来源。

（二）招标信息的修正

（1）时限：投标文件截止时间至少 15 日前发出。

（2）形式：书面形式。

（3）范围：通知所有招标文件收受人。

四、标前会议

（1）会议内容及问题回答都要用书面通知的形式发给每一个投标意向者，对问题的答复不需要说明问题的来源。

（2）在标前会议中需补充文件，而其与招标文件内容不一致时，应以补充文件为准。

五、评标

（1）评标的准备：准备资料、场地、聘请评标专家等。

(2) 初步评审（符合性的审查）：以正本为准、以单价为准、以大写为准。

(3) 详细评审（实质性的审查）：是评标的核心，包括技术评审和商务评审。

(4) 编写评标报告：中标候选人应当限定在1～3人。

➢ **重点提示：**(1) 总结“建设工程施工招标应该具备的条件”：招标人依法成立；手续批准；资金或资金来源落实；招标图纸完成。

(2) 工程招标代理机构可以跨省、自治区、直辖市承担工程招标代理业务。

(3) 招标文件或者资格预审文件出售不得少于5日（而不是5个工作日）。

(4) 招标信息修正的时限：投标文件截止时间至少15日前发出（而不是15个工作日前发出）。

实战演练

[经典例题·单选] 招标人采用邀请招标方式，应当向（　　）个以上具备承担招标项目的能力、资信良好的特定法人或者其他组织发出投标邀请书。

A. 1　　　　B. 3

C. 2　　　　D. 4

[解析] 招标人采用邀请招标方式，应当向3个以上具备承担招标项目的能力、资信良好的特定法人或者其他组织发出投标邀请书。

[答案] B

[经典例题·单选] 根据《中华人民共和国招标投标法》，招标人对已发出的招标文件进行必要的澄清或者修改的，应当在招标文件要求提交投标文件截止时间至少（　　）日前书面通知。

A. 7　　　　B. 14

C. 21　　　　D. 15

[解析] 招标人对已发出的招标文件进行必要的澄清或者修改的，应当在招标文件要求提交投标文件截止时间至少15日前，以书面形式通知所有招标文件收受人。

[答案] D

[经典例题·多选] 根据《工程建设项目施工招标投标办法》（七部委30号令），工程施工项目招标信息发布时，正确的有（　　）。

A. 指定媒介可以酌情收取费用

B. 招标文件售出后不予退还

C. 招标人应至少在两家指定的媒介发布招标公告

D. 招标人可以对招标文件所附的设计文件向投标人收取一定费用

E. 自招标文件出售之日起至停止出售之日止，最短不得少于5个工作日

[解析] 选项A错误，不得收取费用。选项C错误，至少在一家指定的媒介发布招标公告。选项E错误，自招标文件出售之日起至停止出售之日止，最短不得少于5日。

[答案] BD

［经典例题·多选］根据我国有关法规规定，建设工程施工招标应具备的条件包括（　　）。

A. 招标人已经委托了招标代理单位

B. 施工图设计已经全部完成

C. 有相应资金或资金来源已经落实

D. 应当履行审批手续的初步设计及概算已获批准

E. 应当履行核准手续的招标范围和招标方式等已获核准

［解析］建设工程施工招标应该具备的条件包括：①招标人已经依法成立；②初步设计及概算应当履行审批手续的，已经批准；③招标范围、招标方式和招标组织形式等应当履行核准手续的，已经核准；④有相应资金或资金来源已经落实；⑤有招标所需的设计图纸及技术资料。

［答案］CDE

［经典例题·多选］根据《中华人民共和国招标投标法实施条例》，可以采用邀请招标的情况有（　　）。

A. 技术复杂

B. 只有少量潜在投标人可供选择

C. 受自然环境限制

D. 采用公开招标方式的费用占项目合同金额的比例过大

E. 公开招标程序过于烦琐

［解析］可以邀请招标的情况：①因技术复杂、有特殊要求或者受自然环境限制，只有少量潜在投标人可供选择；②采用公开招标方式的费用占项目合同金额的比例过大。

［答案］BD

考点 2 施工投标

一、研究招标文件

投标人须知包括：工程概况、招标内容、招标文件的组成、投标文件的组成、报价原则、招标投标时间安排等关键信息。

二、进行各项调查研究

（1）市场宏观经济环境调查。

（2）工程现场考察和工程所在地的环境考察。

（3）工程业主方和竞争对手的调查。

三、复核工程量

（1）单价合同，以实测工程量结算工程款为准，相差较大时，投标人应向招标人要求澄清。

（2）总价合同，投标前业主对争议工程量不予更正的，投标者要附上声明：施工结算应按实际完成量计算。

四、选择施工方案

施工方案应由投标单位的技术负责人主持制定。

五、正式投标

（1）注意投标的截止日期。

（2）注意投标文件的完备性：对招标文件提出的实质性要求和条件做出响应。

（3）注意标书的标准要求：签章、密封。

（4）注意投标担保。

➤ **重点提示：** 招标人须知里不包括投标人的责、权、利，也不包括施工技术说明。

实战演练

[经典例题·单选] 在建设工程施工投标过程中，施工方案应由投标人的（　　）主持制定。

A. 项目经理　　B. 法人代表

C. 分管投标的负责人　　D. 技术负责人

[解析] 施工方案是投标报价的基础，应由投标单位的技术负责人主持制定。

[答案] D

[经典例题·多选] 投标人须知是招标人向投标人传递的基础信息文件，投标人应注意其中的（　　）。

A. 投标人的责、权、利　　B. 招标工程的范围和详细内容

C. 施工技术说明　　D. 投标文件的组成

E. 重要的时间安排

[解析] 投标人须知包括工程概况、招标内容、招标文件的组成、投标文件的组成、报价原则、招标投标时间安排等关键信息。

[答案] BDE

第二节　合同管理

考点 1 工程计量

一、工程计量的原则

工程量按照合同约定的工程量计算规则、图纸及变更指示等进行计量。工程计量的原则应以相关国家标准、行业标准等为依据，由合同当事人在专用合同条款中约定。

二、工程计量的方法

（1）均摊法：用于每月都会发生的项目。例如，保养测量设备、维护工地清洁和整洁等项目的计量支付。

（2）凭据法：按照承包人提供的凭据进行计量支付。例如，建筑工程保险费用、第三方

责任险保险费用的计量支付。

（3）估价法：

①按市场价进行估计。

②按照比例计算，公式为：

$$F=AB/D$$

式中　F——计算的支付金额；

A——清单所列该项的合同金额；

B——该项实际完成的金额；

D——该项全部仪器设备的总估算价格。

（4）断面法：主要用于取土坑或填筑路堤土方的计量。

（5）图纸法：例如，混凝土构筑物体积的计量。

（6）分解计量法：按照工序将项目分解，对完成的各子项进行计量支付。该方法主要针对包干项目或较大的工程项目，存在支付时间过长、影响承包人的流动资金等问题。

实战演练

［经典例题·单选］下列不属于工程计量依据的是（　　）。

A. 质量合格证书

B. 《计量规范》和技术规范

C. 设计图纸

D. 施工组织设计

［解析］工程计量的依据：①质量合格证书；②《计量规范》和技术规范；③设计图纸。

［答案］D

［经典例题·单选］关于总价合同计量的说法，正确的是（　　）。

A. 承包人每月向监理人提交工程量报告，并附具进度付款申请单、已完成工程量报表和有关资料

B. 监理人未在收到承包人提交的工程量报表后的14天内完成审核的，承包人报送的工程量视为承包人实际完成的工程量

C. 承包人不需要在每个计量周期向发包人提交已完工程量报告

D. 发包人应在收到工程量计量报告后14天内进行复核

［解析］选项B错误，监理人未在收到承包人提交的工程量报表后的7天内完成审核的，承包人报送的工程量视为承包人实际完成的工程量。选项C错误，承包人应于每月25日向监理人报送上月20日至当月19日已完成的工程量报告，并附具进度付款申请单、已完成工程量报表和有关资料。选项D错误，监理人应在收到工程量报告后7天内核实并报送发包人，监理人认为有异议的，有权要求承包人进行共同复核或抽样复测，承包人应协助监理人。

［答案］A

考点 2　合同价款调整

一、法律法规变化

招标工程以投标截止日前28天，非招标工程以合同签订前28天为基准日。基准日后，法律

变化导致承包人在合同履行过程中所需要的费用发生约定以外的增加时，由发包人承担；减少时，应从合同价格中予以扣减。基准日期后，因法律变化造成工期延误时，工期应予以顺延。

二、工程变更

（一）分部分项工程费的调整

工程量增加15%以上时，其增加部分的工程量的综合单价应予调低。工程量减少15%以上时，减少后剩余部分的工程量的综合单价应予调高。工程量（量）变化引起措施费（措）变化时，量增，措增；量减，措减。

（二）措施项目费的调整

（1）安全文明施工费，不得浮动。

（2）采用单价计算的措施项目费，按照实际发生变化的措施项目调整，按已标价工程量清单项目的规定确定单价。

（3）按总价（或系数）计算的措施项目费，按照实际发生变化的措施项目调整，但应考虑报价浮动因素。

三、物价变化

（1）因发包人原因导致工期延误的，采用计划进度日期与实际进度日期的较高者。

（2）因承包人原因导致工期延误的，采用计划进度日期与实际进度日期的较低者。

（3）价格指数调整法：

$$\Delta P=P_0\left[A+\left(B_1\times\frac{F_{t1}}{F_{01}}+B_2\times\frac{F_{t2}}{F_{02}}+B_3\times\frac{F_{t3}}{F_{03}}+\cdots+B_n\times\frac{F_{tn}}{F_{0n}}\right)-1\right]$$

式中　ΔP——需调整的价格差额；

P_0——约定的付款证书中承包人应得到的已完成工程量的金额；

A——固定要素比例；

B_1，B_2，B_3，…，B_n——可调因子的权重；

F_{t1}，F_{t2}，F_{t3}，…，F_{tn}——各可调因子的现行价格指数，指约定的付款证书相关周期最后一天的前42天的各可调因子的价格指数；

F_{01}，F_{02}，F_{03}，…，F_{0n}——各可调因子的基本价格指数，指基准日期的价格指数。

➤ **注意：** 价格调整公式中：$A+B_1+B_2+B_3+\cdots+B_n=1$。

实战演练

［经典例题·单选］ 某工程合同价为1 000万元，合同约定物价变化时合同价款调整采用价格指数调整法，其中固定要素比例为0.3，调价要素为人工费、钢材费、水泥费三类，分别占合同价的比例为0.2、0.15、0.35，结算时价格指数分别增长了20%、15%、25%，则该工程实际价款的变化值为（　　）万元。

A. 150　　B. 100

C. 120　　D. 200

[解析] 根据公式，$\Delta P = 1\,000 \times [0.3 + (0.2 \times 1.2 + 0.15 \times 1.15 + 0.35 \times 1.25) - 1] = 150$（万元）。

[答案] A

四、不可抗力

（1）永久工程、已运至施工现场的材料和工程设备的损坏，以及因工程损坏造成的第三方人员伤亡和财产损失由发包人承担。

（2）承包人施工设备的损坏由承包人承担。

（3）发包人和承包人承担各自人员伤亡和财产的损失。

（4）因不可抗力影响承包人履行合同约定的义务，已经引起或将引起工期延误的，应当顺延工期，由此导致承包人停工的费用损失由发包人和承包人合理分担，停工期间必须支付的工人工资由发包人承担。

（5）因不可抗力引起或将引起工期延误，发包人要求赶工的，由此增加的赶工费用由发包人承担。

（6）承包人在停工期间按照发包人要求照管、清理和修复工程的费用由发包人承担。

（7）不可抗力发生后，合同当事人均应采取措施尽量避免和减少损失的扩大，任何一方当事人没有采取有效措施导致损失扩大的，应对扩大的损失承担责任。

（8）因合同一方迟延履行合同义务，在迟延履行期间遭遇不可抗力的，不免除其违约责任。

五、提前竣工（赶工补偿）

发包人要求承包人提前竣工，或承包人提出提前竣工的建议能够给发包人带来效益的，应由监理人与承包人共同协商采取加快工程进度的措施和修订合同进度计划。发包人应承担承包人由此增加的费用，并向承包人支付专用合同条款约定的相应奖金。

六、索赔

根据国家发布的《中华人民共和国标准施工招标文件》（2007 年版）中通用条款内容，可以合理补偿承包人索赔的条款见表 2-2-1。

表 2-2-1　可合理补偿承包人索赔的条款

序号	条款号	主要内容	可补偿内容		
			工期	费用	利润
1	1.6.1	发包人提供图纸延误	√	√	√
2	1.10.1	承包人施工过程发现文物、古迹以及其他遗迹、化石、钱币或物品	√	√	
3	2.3	发包人延迟提供施工场地	√	√	√
4	4.11.2	承包人遇到不利物质条件	√	√	
5	5.2.4	发包人要求向承包人提前交货（一般指材料和工程设备）		√	
6	5.2.6	发包人提供的材料和工程设备不符合合同要求	√	√	√

续表

序号	条款号	主要内容	可补偿内容		
			工期	费用	利润
7	8.3	发包人提供的基准资料错误导致承包人的返工或造成工程损失	√	√	√
8	9.2.5	采取合同未约定的安全作业环境及安全施工措施		√	
9	9.2.6	因发包人原因造成承包方人员工伤事故		√	
10	11.3	发包人的原因造成工期延误	√	√	√
11	11.4	异常恶劣的气候条件	√		
12	11.6	发包人要求承包人提前竣工		√	√
13	12.2	发包人原因引起的暂停施工	√	√	√
14	12.4.2	暂停施工后因发包人原因无法按时复工	√	√	√
15	13.1.3	发包人原因造成工程质量达不到合同约定验收标准	√	√	√
16	13.5.3	监理人对隐蔽工程重新检查，经检验证明工程质量符合合同要求	√	√	√
17	13.6.2	因发包人提供的材料、工程设备不合格造成工程不合格	√	√	√
18	14.1.3	承包人应监理人要求对材料、工程设备和工程重新检验且检验结果合格	√	√	√
19	16.2	基准日后法律变化引起的价格调整		√	
20	18.4.2	发包人在全部工程竣工前，使用已接收的单位工程导致承包人费用增加	√	√	√
21	18.6.2	发包人的原因导致试运行失败		√	√
22	19.2	发包人原因导致的工程缺陷和损失		√	√
23	19.4	工程移交后因发包人原因出现的缺陷修复后的试验和试运行		√	√
24	21.3.1	不可抗力	√	部分费用√	
25	22.2.2	因发包人违约导致承包人暂停施工	√	√	√

七、暂列金额

暂列金额指已标价工程量清单中所列的，用于在签订协议书时尚未确定或不可预见变更的施工及其所需材料、工程设备、服务等的金额，包括以计日工方式支付的金额。暂列金额是招标人决定的费用，如有剩余归建设单位所有。

➢ **重点提示：**（1）这部分内容虽偏多，但好理解，一般容易出综合题。

（2）整个合同价款的调整原则是“谁的责任，谁承担”。

（3）掌握工程量变化15%以上时，综合单价的调整方法。

（4）掌握不可抗力造成损失后，谁来担责任。

实战演练

[2017 真题·单选] 某工程项目施工合同约定竣工时间为 2016 年 12 月 30 日，合同实施过程中，因承包人施工质量不合格返工导致总工期延误了 2 个月；2017 年 1 月项目所在地政府出台了新政策，直接导致承包人计入总造价的税金增加 20 万元。关于增加的 20 万元税金责任承担的说法，正确的是（　　）。

A. 由承包人和发包人共同承担，理由是国家政策变化，非承包人的责任

B. 由发包人承担，理由是国家政策变化，承包人没有义务承担

C. 由承包人承担，理由是承包人责任导致延期，进而导致税金增加

D. 由发包人承担，理由是承包人承担质量问题责任，发包人承担政策变化责任

[解析] 因承包人原因导致工期延误，在合同工程原定竣工时间之后国家的法律、法规、规章和政策发生变化引起工程造价增减变化的，合同价款调增的不予调整，合同价款调减的予以调整。

[答案] C

[2017 真题·单选] 某室内装饰工程根据《建设工程工程量清单计价规范》(GB 50500—2013) 签订了单价合同，约定采用造价信息调整价格差额方法调整价格；原定 6 月施工的项目因发包人修改设计推迟至当年 12 月；该项目主材为发包人确认的可调价材料，价格由 300 元/m^2 变为350 元/m^2。关于该工程工期延误责任和主材结算价格的说法，正确的是（　　）。

A. 发包人承担延误责任，材料价格按 300 元/m^2 计算

B. 承包人承担延误责任，材料价格按 350 元/m^2 计算

C. 承包人承担延误责任，材料价格按 300 元/m^2 计算

D. 发包人承担延误责任，材料价格按 350 元/m^2 计算

[解析] 因发包人原因导致工期延误的，则计划进度日期后续工程的价格，采用计划进度日期与实际进度日期的较高者。

[答案] D

[经典例题·单选] 根据《建设工程工程量清单计价规范》(GB 50500—2013)，对于任一招标工程量清单项目，如果因业主方变更导致工程量偏差，则调整原则为（　　）。

A. 当工程量增加 15%以上时，其增加部分的工程量单价应予调低

B. 当工程量减少 15%以上时，其相应部分的措施费应予调高

C. 当工程量增加 15%以上时，其增加部分的工程量单价应予调高

D. 当工程量减少 10%以上时，其相应部分的措施费应予调低

[解析] 对于任一招标工程量清单项目，如果因规定的工程量偏差和工程变更等原因导致工程量偏差超过 15%，调整的原则为：当工程量增加 15%以上时，其增加部分的工程量的综合单价应予调低；当工程量减少 15%以上时，减少后剩余部分的工程量的综合单价应予调高。

[答案] A

[经典例题·单选] 某工程合同总价100万元，合同基准日期为2019年3月，固定系数0.2。2019年8月完成的工程款占合同总价的20%。调值部分中仅混凝土价格变化，混凝土占调值部分的30%。2019年3月混凝土的价格指数为100，7月、8月的价格指数分别为110和115，则2019年8月经调值后的工程款为（　　）万元。

A. 20.38　　B. 20.72　　C. 20.48　　D. 20.62

[解析] 2019年8月经调值后的工程款 $P=(100\times20\%)\times[0.2+(0.8\times30\%\times\frac{110}{100}+0.8\times70\%\times1)]=20.48$（万元）。

[答案] C

[经典例题·多选] 根据《建设工程工程量清单计价规范》（GB 50500—2013）工程量变更引起施工方案改变并使措施项目发生变化时，关于措施项目费调整的说法，正确的有（　　）。

A. 安全文明施工费按实际发生的措施项目，考虑承包人报价浮动因素进行调整

B. 安全文明施工费按实际发生的措施项目调整，不得浮动

C. 对单价计算的措施项目费，按实际发生变化的措施项目和已标价工程量清单项目确定单价

D. 对总价计算的措施项目费一般不进行调整

E. 对总价计算的措施项目费，按实际发生变化的措施项目并考虑承包人报价浮动因素进行调整

[解析] 选项A错误，安全文明施工费按实际发生的措施项目调整，不得浮动。选项D错误，对总价计算的措施项目费，按实际发生变化的措施项目并考虑承包人报价浮动因素进行调整。

[答案] BCE

考点3　预付款与期中支付

一、预付款的支付与担保

（一）预付款的支付

预付款最迟应在开工通知载明的开工日期7天前支付。发包人逾期支付预付款超过7天的，承包人有权向发包人发出要求预付的催告通知，发包人收到催告通知后7天内仍未支付的，承包人有权暂停施工。

（二）预付款的担保

发包人要求承包人提供预付款担保的，承包人应在发包人支付预付款7天前提供预付款担保。

二、安全文明施工费

除专用合同条款另有约定外，发包人应在开工后28天内预付安全文明施工费总额的50%，其余部分与进度款同期支付。

三、进度款的支付

（1）每月按约定时间提交付款申请及相关资料。

（2）进度款审核和支付流程如图 2-2-1 所示。

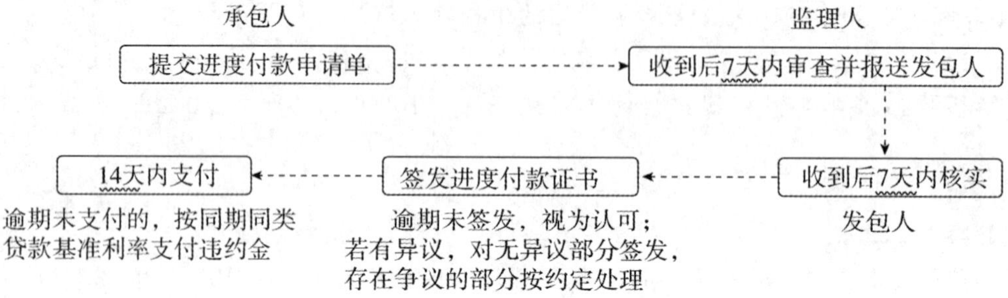

图 2-2-1　进度款审核和支付流程

实战演练

［经典例题·单选］发包人应在签发进度付款证书后的（　　）天内，按照支付证书列明的金额向承包人支付进度款。

A. 7　　B. 14　　C. 28　　D. 56

［解析］发包人应在签发进度付款证书后的 14 天内，按照支付证书列明的金额向承包人支付进度款。

［答案］B

考点 4　竣工结算与支付

一、竣工结算与支付

（1）竣工结算的计算方法：除安全文明施工费、规费、税金外，均按双方确认的工程量和清单中填报的综合单价计算或者按双方确认的金额计算。

（2）承包人（可委托具有相应资质的工程造价咨询人）应在工程竣工验收合格后 28 天内提交竣工结算申请单，发包人（可委托具有相应资质的工程造价咨询人）收到竣工结算申请单后 28 天内审核，并于签发竣工付款证书之后 14 天内，支付费用。逾期支付超过 56 天的，按照同期同类贷款基准利率的 2 倍支付违约金。承包人如有异议，收到竣工付款证书后 7 天内提出，并按约定处理。

二、质量保证金

承包人提供质量保证金的三种方式：

（1）质量保证金保函（常用）。

（2）相应比例的工程款。

（3）双方约定的其他方式。

发包人累计扣留的质量保证金不得超过工程价款结算总额的 3%。如承包人在发包人签发竣工付款证书后 28 天内提交质量保证金保函，发包人应同时退还扣留的作为质量保证金的工程价款。发包人在退还质量保证金的同时，按照中国人民银行发布的同期同类贷款基准利率支付利息。

质量保证金退还涉及的时间为：14 天。（发包人接到申请后 14 天内同施工方核实——如无异议，返还给承包人；发包人接到申请后 14 天内不予答复，经催告后 14 天内仍不予答复，视同认可。）

三、最终结清

工程款的最终结清程序如图 2-2-2 所示。

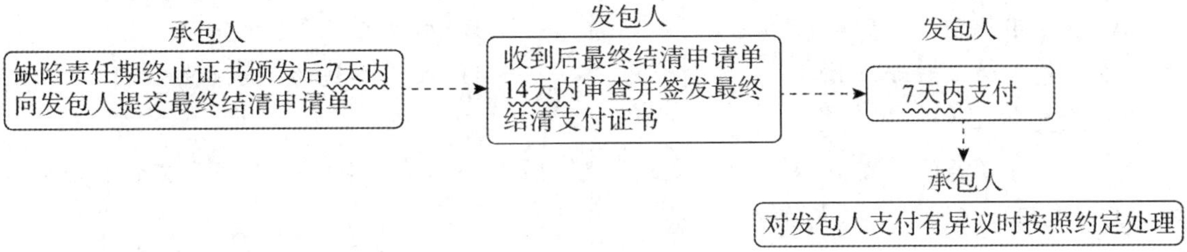

图 2-2-2　最终结清的程序

实战演练

[经典例题·单选] 关于竣工结算的内容，下列说法正确的是（　　）。

A. 编制者只有承包人，审核者只有发包人

B. 发包人应在签发竣工付款证书后的 14 天内，完成对承包人的竣工付款

C. 发包方收到竣工结算文件后，应在 14 天内核对并提出意见

D. 逾期支付超过 56 天的，按照同期同类贷款基准利率的 3 倍支付违约金

[解析] 选项 A 错误，编制者由承包人或其委托具有相应资质的工程造价咨询人编制，审核者可以是发包人或其委托具有相应资质的工程造价咨询人核对。选项 C 错误，发包方收到竣工结算文件后，应在 28 天内核对并提出意见。选项 D 错误，逾期支付超过 56 天的，按照同期同类贷款基准利率的 2 倍支付违约金。

[答案] B

[经典例题·单选] 关于最终结清的内容，下列说法正确的是（　　）。

A. 承包人应在缺陷责任期终止证书颁发后 14 天内，向发包人提交最终结清申请单

B. 发包人应在收到最终结清支付申请后 14 天内予以核实，并签发最终结清证书

C. 发包人应在签发最终结清支付证书后的 14 天内，最终结清款

D. 承包人对发包人支付有异议时进行诉讼处理

[解析] 选项 A 错误，承包人应在缺陷责任期终止证书颁发后 7 天内，向发包人提交最终结清申请单。选项 C 错误，发包人应在签发最终结清支付证书后的 7 天内，最终结清款。选项 D 错误，承包人对发包人支付有异议时按照约定处理。

[答案] B

考点 5　施工合同跟踪

施工合同跟踪的对象包括：

（1）承包的任务。

（2）工程小组或分包人的工程和工作。

（3）业主和其委托的工程师（监理人）的工作。

➤ **重点提示**：简单理解施工合同跟踪的对象：承包的任务可以认为是“我的任务”；工程小组或分包人的工程和工作可以认为是“我下属的任务”；业主和其委托的工程师（监理人）的工作可以认为是“我的领导的任务”。

实战演练

[经典例题·多选] 施工合同跟踪的对象有(　　)。

A. 承包单位合同管理部门的工作

B. 承包的任务

C. 分包人的工程和工作

D. 业主委托的工程师的工作

E. 业主的工作

[解析] 施工合同跟踪对象包括承包的任务、工程小组或分包人的工程和工作、业主和其委托的工程师（监理人）的工作。

[答案] BCDE

考点 6 合同实施的偏差分析及处理

一、偏差分析

合同实施的偏差分析包括以下几个方面：

（1）产生偏差的原因分析。

（2）合同实施偏差的责任分析。责任分析必须以合同为依据，按合同规定落实双方的责任。

（3）合同实施趋势分析。

①最终的工程状况，即是否会延误、是否会超支、是否会达到质量标准等。

②承包商将承担什么样的后果，即被罚款、起诉等。

③最终工程经济效益水平，即利润。

二、偏差处理

根据合同实施偏差分析的结果，承包商应该采取相应的调整措施。调整措施（即四大纠偏措施）如下：

（1）组织措施：组织论、增加人员投入、调整人员安排等。

（2）技术措施：改变技术方案、改变施工方案等。

（3）经济措施：增加投入、采取经济激励措施等。

（4）合同措施：进行合同变更、签附加协议、采取索赔手段等。

➤ **重点提示**：（1）合同实施趋势分析当中没有“绩效奖惩”的内容。

（2）四大纠偏措施，属于必会内容。

实战演练

[2016 真题·单选] 下列合同实施偏差分析的内容中，不属于合同实施趋势分析的是(　　)。

A. 项目管理团队绩效奖惩

B. 总工期的延误

C. 总成本的超支

D. 最终工程经济效益水平

［解析］合同实施的趋势分析包括：①最终的工程状况，即是否会延误、是否会超支、是否会达到质量标准等；②承包商将承担什么样的后果，即被罚款、起诉等；③最终工程经济效益水平，即利润。

［答案］A

［经典例题·单选］施工合同实施偏差分析的内容包括：产生偏差的原因分析、合同实施偏差的责任分析以及（　　）。

A. 不同项目合同偏差的对比B. 偏差的跟踪情况分析

C. 合同实施趋势分析D. 业主对合同偏差的态度分析

［解析］施工合同实施偏差分析的内容包括：产生偏差的原因分析；合同实施偏差的责任分析；合同实施趋势分析。

［答案］C

［经典例题·单选］某施工合同实施过程中出现了偏差，经过偏差分析后，承包人采取了夜间加班、增加劳动力投入等措施。这种调整措施属于（　　）。

A. 组织措施　　B. 技术措施

C. 经济措施　　D. 合同措施

［解析］合同偏差处理的组织措施有增加人员投入、调整人员安排、调整工作流程和工作计划。夜间加班、增加劳动投入属于组织措施中的“增加人员投入、调整人员安排”。

［答案］A

考点 7 施工合同的变更

一、变更的范围

根据《中华人民共和国标准施工招标文件》（2007 年版），除专用合同条款另有约定外，合同履行过程中发生以下情形的，应按照规定进行变更：

（1）取消合同中任何一项工作，但被取消的工作不能转由发包人或其他人实施。

（2）改变合同中任何一项工作的质量或其他特性。

（3）改变合同工程的基线、标高、位置或尺寸。

（4）改变合同中任何一项工作的施工时间或改变已批准的施工工艺或顺序。

（5）为完成工程需要追加的额外工作。

二、变更程序

（一）发包人提出变更

发包人提出变更的，应通过监理人向承包人发出变更指示，变更指示应说明计划变更的工程范围和变更的内容。

（二）监理人提出变更建议

监理人提出变更建议的，需要向发包人以书面形式提出变更计划，说明计划变更工程范围和变更的内容、理由，以及实施该变更对合同价格和工期的影响。发包人同意变更的，由监理人向承包人发出变更指示。发包人不同意变更的，监理人无权擅自发出变更指示。

（三）承包人执行变更

承包人收到监理人下达的变更指示后，认为不能执行，应立即提出不能执行该变更指示的理由。承包人认为可以执行变更的，应当书面说明实施变更指示对合同价格和工期的影响，且合同当事人应当按照规定确定变更估价。

三、变更估价

（一）变更估价原则

根据《中华人民共和国标准施工招标文件》（2007 年版），除专用合同条款另有约定外，变更估价按照下列规定处理：

（1）已标价工程量清单中有适用于变更工作的子目的，采用该子目的单价。

（2）已标价工程量清单中无适用于变更工作的子目，但有类似子目的，可在合理范围内参照类似子目的单价，由监理人商定或确定变更工作的单价。

（3）已标价工程量清单中无适用或类似子目的单价，可按照成本加利润的原则，由监理人商定或确定变更工作的单价。

（二）变更估计程序

（1）除另有约定外，承包人收到变更指示或变更意向书后 14 天内，向监理人提交变更报价书。

（2）除另有约定外，监理人收到承包人变更报价书后 14 天内，商定或确定变更价格。因变更引起的价格调整应计入最近一期的进度款中支付。

➢ **重点提示**：（1）取消某项工作转由其他人实施的，不是变更。

（2）变更指示只能由监理人发出。

（3）变更估价——涉及的时间为 14 天。

（4）变更估价的原则：有适用时，按适用；无适用时，按类似；均无，按成本加利润的原则，由监理人商定。

实战演练

［经典例题·单选］根据《中华人民共和国标准施工招标文件》（2007 年版），施工合同履行过程中发生工程变更时，由（　　）向承包人发出变更指令。

A. 发包人　　B. 设计人

C. 变更提出方　　D. 监理人

［解析］根据《中华人民共和国标准施工招标文件》（2007 年版）中通用合同条款的规定，变更指示只能由监理人发出。

［答案］D

考点 8　施工合同的索赔

扫码听课

一、索赔成立的条件

（1）与合同对照，承包人有了损失［费用或（和）工期的损失］。

（2）分析原因，造成承包人的损失不是承包人的过失。

（3）承包人在约定的时间内提交了索赔意向通知并进行了索赔。

二、索赔的程序

索赔事件发生后的 28 天内，承包人首先提出索赔意向通知，在提出索赔意向通知之后的 28 天内，提出详细的索赔报告；如果索赔事件持续进展，需要每隔 28 天提出中间索赔报告，直到索赔事件终止之后的 28 天内，提出最终的索赔报告。

监理人在收到索赔通知书或有关索赔的进一步证明材料后的 42 天内，将结果答复承包人。

承包人接受索赔处理结果的，发包人应在作出索赔处理结果答复后 28 天内完成赔付；不接受时，按合同约定解决。

三、索赔文件

（1）总述部分。

（2）论证部分（关键部分）。

（3）索赔款项（或工期）计算部分。

（4）证据部分。

四、索赔的期限

（1）竣工结算审核：约定接收竣工付款证书后，应被视为已无权再提出工程接收书颁发前所发生的任何赔偿。

（2）最终结清：提交的最终结清申请单中，只限于提出工程接收证书颁发后发生的索赔。提出索赔的期限自接受最终结清证书时终止。

总结：索赔期限的时间节点如图 2-2-3 所示。

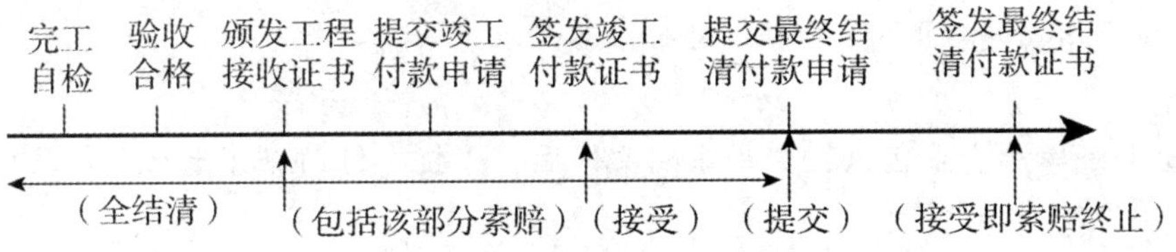

图 2-2-3　索赔期限的时间节点

五、反索赔

反索赔的工作内容可以包括两个方面：

（1）防止对方提出索赔。

（2）反击或反驳对方的索赔要求。

➤ **重点提示：**（1）索赔成立的前提条件：①承包方损失了；②不是承包方的错；③按程序进行了索赔。

（2）重点掌握索赔工作程序的第一步：提出索赔意向。

（3）索赔文件中论证部分属于定性内容，因此最重要。

（4）跟索赔有关的时间，除了监理人在收到索赔通知书或有关索赔的进一步证明材料后的 42 天内，将结果答复承包人之外，其他各环节涉及索赔的时间都是 28 天。

(5) 掌握索赔期限的三个时间节点，即图 4-5-1 中“接受”“提交”即“索赔终止”三个时间节点。

实战演练

[经典例题・单选] 工程施工过程中索赔事件发生后，承包人首先要做的工作是(　　)。

A. 向监理工程师提出索赔意向通知

B. 向监理工程师提交索赔证据

C. 向监理工程师提交索赔报告

D. 与业主就索赔事项进行谈判

[解析] 在工程实施过程中发生索赔事件以后，或者承包人发现索赔机会，首先要提出索赔意向，即在合同规定时间内将索赔意向用书面形式及时通知发包人或者工程师（监理人），向对方表明索赔愿望、要求或者声明保留索赔权利，这是索赔工作程序的第一步。

[答案] A

[经典例题・单选] 根据《中华人民共和国标准施工招标文件》(2007 年版)，关于施工合同索赔程序的规定，正确的是(　　)。

A. 设计变更发生后，承包人应在 14 天内向发包人提交索赔通知

B. 索赔事件持续进行，承包人应在事件终了后立即提交索赔报告

C. 承包人在发出索赔意向通知书后 28 天内，向监理人正式递交索赔通知书

D. 索赔意向通知书发出后 42 天内，承包人应向监理人提交一份详细的索赔文件和有关资料

[解析] 选项 A、B 涉及的时间均为 28 天。选项 D，监理人在收到索赔通知书或有关索赔的进一步证明材料后的 42 天内，将结果答复承包人。

[答案] C

[经典例题・单选] 承包人提交了索赔文件后，干扰事件对施工造成持续影响，则承包人的正确做法为(　　)。

A. 按工程师要求的间隔提交延续索赔通知，干扰事件影响结束后 28 天内提交最终索赔报告

B. 只需在干扰事件影响结束后 28 天内提交最终索赔报告

C. 按工程师要求的间隔提交延续索赔通知，干扰事件影响结束后 36 天内提交最终索赔报告

D. 按工程师要求的间隔提交延续索赔通知，干扰事件影响结束后 42 天内提交最终索赔报告

[解析] 承包人提交索赔文件后，如果索赔事件持续进展，需要每隔 28 天提出中间索赔报告，直到索赔事件终止之后的 28 天内，提出最终的索赔报告。

[答案] A

[2019 真题 · 多选] 建设工程施工合同索赔成立的前提条件有（　　）。

A. 与合同对照，事件已经造成了承包人工程项目成本的额外支出或直接工程损失

B. 造成工程费用的增加，已经超出承包人所能承受的范围

C. 造成费用增加或工期损失的原因，按合同约定不属于承包人的行为责任或风险责任

D. 造成工期损失的时间，已经超出承包人所能承受的范围

E. 承包人按合同规定的程序和时间提交索赔意向通知和索赔报告

[解析] 索赔的成立应该同时具备以下三个条件：①与合同对照，承包人有了损失［费用或（和）工期的损失］；②分析原因，造成承包人的损失不是承包人的过失；③承包人在约定的时间内提交了索赔意向通知并进行了索赔。

[答案] ACE

[经典例题 · 多选] 承包人向发包人提交的索赔文件，其内容包括（　　）。

A. 索赔意向通知

B. 索赔证据

C. 索赔事件总述

D. 索赔合理性论证

E. 索赔款项（或工期）计算书

[解析] 承包人向发包人提交的索赔文件的主要内容包括：总述部分、论证部分、索赔款项（或工期）计算部分和证据部分。

[答案] BCDE

考点 9　施工承包合同的主要内容

一、建设工程施工合同概述

（一）建设工程施工合同的主体

施工合同当事人是发包人和承包人，双方按照所签订合同中约定的义务，履行相应的责任。

（二）《建设工程施工合同（示范文本）》（GF—2017—0201）简介

1.《建设工程施工合同（示范文本）》（GF—2017—0201）组成

《建设工程施工合同（示范文本）》（GF—2017—0201）由合同协议书、通用合同条款和专用合同条款三部分组成。

（1）合同协议书。

合同协议书共计 13 条，主要包括：工程概况、合同工期、质量标准、签约合同价和合同价格形式、项目经理、合同文件构成、承诺以及合同生效条件等重要内容，集中约定了合同当事人基本的合同权利义务。

（2）通用合同条款。

通用合同条款是合同当事人根据《中华人民共和国建筑法》《中华人民共和国民法典》等法律法规的规定，就工程建设的实施及相关事项，对合同当事人的权利和义务作出的原则

性约定。

通用合同条款共计 20 条，具体条款分别为：一般约定、发包人、承包人、监理人、工程质量、安全文明施工与环境保护、工期和进度、材料与设备、试验与检验、变更、价格调整、合同价格、计量与支付、验收和工程试车、竣工结算、缺陷责任与保修、违约、不可抗力、保险、索赔和争议解决。前述条款安排既考虑了现行法律法规对工程建设的有关要求，也考虑了建设工程施工管理的特殊需要。

（3）专用合同条款。

专用合同条款是对通用合同条款原则性约定的细化、完善、补充、修改或另行约定的条款。合同当事人可以根据不同建设工程的特点及具体情况，通过双方的谈判、协商对相应的专用合同条款进行修改补充。在使用专用条款时，应注意以下事项：

①专用合同条款的编号应与相应的通用合同条款的编号一致。

②合同当事人可以通过对专用合同条款的修改，满足具体建设工程的特殊要求，避免直接修改通用合同条款。

③在专用合同条款中有横道线的地方，合同当事人可针对相应的通用合同条款进行细化、完善、补充、修改或另行约定；如无细化、完善、补充、修改或另行约定，则填写“无”或划“/”。

2.《建设工程施工合同（示范文本）》（GF—2017—0201）的性质和适用范围

《建设工程施工合同（示范文本）》（GF—2017—0201）为非强制性使用文本，适用于房屋建筑工程、土木工程、线路管道和设备安装工程、装修工程等建设工程的施工承发包活动。合同当事人可结合建设工程具体情况，根据《建设工程施工合同（示范文本）》订立合同，并按照法律法规规定和合同约定承担相应的法律责任及合同权利、义务。

➢ **重点提示：** 掌握施工合同示范文本的三部分内容：合同协议书、通用合同条款、专用合同条款。

实战演练

［经典例题·多选］ 根据《建设工程施工合同（示范文本）》（GF—2017—0201），合同文本由（　　）组成。

A. 通用合同条款　　B. 合同协议书

C. 标准和技术规范　　D. 专用合同条款

E. 中标通知书

［解析］ 施工合同文本由三部分组成：①合同协议书；②通用合同条款；③专用合同条款。

［答案］ ABD

二、施工合同的主要内容

（一）发承包双方的工作内容

1. 发包人工作内容

（1）发包人应遵守法律，并办理法律规定由其办理的许可、批准或备案，包括但不限于建设用地规划许可证，建设工程规划许可证，建设工程施工许可证，施工所需临时用水、临时用电、中断道路交通、临时占用土地等的许可和批准。

（2）发包人应在专用合同条款中明确其派驻施工现场的发包人代表的姓名、职务、联系方式及授权范围等事项。

（3）发包人应要求在施工现场的发包人人员遵守法律及有关安全、质量、环境保护、文明施工等规定。

（4）发包人应负责提供施工现场、施工所需要的条件和基础资料。

（5）发包人应向承包人提供按照合同约定支付合同价款的相应资金来源证明；发包人应按合同约定向承包人及时支付合同价款；发包人应按合同约定及时组织竣工验收。

（6）发包人应与承包人、由发包人直接发包的专业工程的承包人签订施工现场统一管理协议。

2. 承包人工作内容

（1）办理法律规定应由承包人办理的许可和批准，并将办理结果书面报送发包人留存。

（2）按照法律规定和合同约定完成工程，并在保修期内承担保修义务。

（3）按照法律规定和合同约定采取施工安全和环境保护措施，办理工伤保险，确保工程及人员、材料、设备和设施的安全。

（4）按合同约定的工作内容和施工进度要求，编制施工组织设计和施工措施计划，并对所有施工作业和施工方法的完备性和安全可靠性负责。

（5）在进行合同约定的各项工作时，不得侵害发包人与他人使用公用道路、水源、市政管网等公共设施的权利，避免对临近的公共设施产生干扰。承包人占用或使用他人的施工场地，影响他人作业或生活的，应承担相应责任。

（6）负责施工场地及周边环境与生态的保护工作。

（7）采取施工安全措施，确保工程及其人员、材料、设备和设施的安全，防止因工程施工造成的人身伤害和财产损失。

（8）将发包人按合同约定支付的各项价款专用于合同工程，且应及时支付其雇用人员工资，并及时向发包人支付合同价款。

（9）按法律规定和合同约定编制竣工资料，完成竣工资料立卷及归档，并按专用条款约定的竣工资料的套数、内容、时间等要求移交发包人。

除另有约定外，未经发包人同意，承包人不得将工程主体、关键性工作分包给第三人。承包人与分包人就分包工程承担连带责任。

（二）发包人的违约情形

（1）发包人未能支付预付款或合同价款、延误付款的。

（2）发包人原因造成停工的。

（3）监理人无正当理由没有在约定期限内发出复工指示的。

（4）发包人无法继续履行或明确表示不履行或实质上已停止履行合同的。

（5）其他。

（三）承包人的违约责任

承包人应承担因其违约行为而增加的费用和（或）延误的工期。此外，合同当事人可在专用条款中另行约定承包人违约责任的承担方式和计算方法。

➢ **重点提示**：（1）发包人的责任和义务——为承包人提供方便。

（2）承包人的责任和义务——保质保量完成合同约定的工作任务。

（四）进度控制的主要条款内容

1. 开工日期

监理人应在开工日期7天前向承包人发出开工通知。

2. 工期调整

（1）发包人引起的工期延误。

发包人引起的工期延误包括以下几方面，可以索赔工期和（或）增加费用，并支付合理利润。

①增加工作内容。

②改变任何一项工作的质量要求或其他特性。

③发包人迟延提供材料、工程设备或变更交货地点的。

④因发包人原因导致的暂停施工。

⑤提供图纸延误。

⑥未按合同约定及时支付预付款、进度款。

（2）异常恶劣的气候条件引起的工期延误。

因异常恶劣的气候条件导致工期延误的，承包人有权要求发包人延长工期。

（3）承包人引起的工期延误。

承包人支付逾期竣工违约金，不免除承包人完成工程及修补缺陷的义务。

（4）工期提前。

发包人要求承包人提前竣工，应承担承包人由此增加的费用，并向承包人支付合同条款约定的相应奖金。

3. 暂停施工

（1）承包人暂停施工的情形。

①承包人违约引起的暂停施工。

②由于承包人原因为工程合理施工和安全保障所必需的暂停施工。

③承包人擅自暂停施工。

④承包人其他原因引起的暂停施工。

⑤专用合同条款约定由承包人承担的其他暂停施工。

（2）发包人暂停施工的责任。

承包人有权要求发包人延长工期和（或）增加费用，并支付合理利润。

（3）监理人暂停施工指示。

①不论何种原因引起的暂停施工，暂停施工期间承包人应负责妥善保护工程并提供安全保障。

②发包人原因引起的暂停施工，且监理人未及时下达暂停施工指示的，承包人可先暂停施工，及时提出暂停施工的书面请求，监理人收到后24 h内予以答复，否则视为同意暂停施工请求。

(4) 暂停施工后的复工。

①当工程具备复工条件时，监理人应立即发出复工通知。

②承包人无故拖延或拒绝复工的，造成的费用增加和（或）工期延误，由承包人承担；因发包人原因无法按时复工的，承包人有权要求发包人延长工期和（或）增加费用。

➢ **重点提示：** 关于工期的调整，谁的责任谁承担。

实战演练

[2016 真题·单选] 下列暂停施工的情形中，不属于承包人应承担责任的是(　　)。

A. 业主方提供设计图纸延误造成的工程施工暂停

B. 为保障钢结构构件进场，暂停进场线路上的结构施工

C. 未及时发放劳务工工资造成的工程施工暂停

D. 迎接地方安全检查造成的工程施工暂停

[解析] 因下列暂停施工增加的费用和（或）工期延误由承包人承担：①承包人违约引起的暂停施工；②由于承包人原因为工程合理施工和安全保障所必需的暂停施工；③承包人擅自暂停施工；④承包人其他原因引起的暂停施工；⑤专用合同条款约定由承包人承担的其他暂停施工。选项 A 属于发包人的责任。

[答案] A

[经典例题·单选] 根据《中华人民共和国标准施工招标文件》(2007 年版)，关于暂停施工的说法，正确的是(　　)。

A. 由于发包人原因引起的暂停施工，承包人有权要求延长工期和（或）增加费用，但不得要求补偿利润

B. 发包人原因造成的暂停施工，承包人可不负责暂停施工期间工程的保护

C. 因发包人原因发生暂停施工的紧急情况时，承包人可以先暂停施工，并及时向监理人提出暂停施工的书面请求

D. 施工中出现一些意外需要暂停施工的，所有责任由发包人承担

[解析] 由于发包人原因引起的暂停施工造成工期延误的，承包人有权要求发包人延长工期和（或）增加费用，并支付合理利润，故选项 A 错误。不论由于何种原因引起的暂停施工，暂停施工期间承包人应负责妥善保护工程并提供安全保障，故选项 B、D 错误。

[答案] C

(五) 质量控制的主要条款内容

1. 监理人的质量检查

监理人的检查检验不能免除承包人应该负的责任。

2. 隐蔽工程重新检查

(1) 合格的情况下，发包人承担责任（费用、工期、利润）。

(2) 不合格的情况下，承包人承担责任。

(3) 承包人私自覆盖，检查不管是否合格，都由承包人承担责任。

➢ **重点提示：**掌握隐蔽工程重新检查时，对于不同的情况，分别由谁承担责任。

实战演练

[经典例题·单选]某工程施工过程中，承包人未通知监理人检查，私自对某隐蔽部位进行了覆盖，监理人指示承包人揭开检查，经检查该隐蔽部位质量符合合同要求。根据《中华人民共和国标准施工招标文件》（2007年版），由此增加的费用和（或）工期延误应由（　　）承担。

A. 发包人　　B. 监理人

C. 承包人　　D. 分包人

[解析]承包人未通知监理人到场检查，私自将工程隐蔽部位覆盖的，监理人有权指示承包人钻孔探测或揭开检查，由此增加的费用和（或）工期延误由承包人承担。

[答案]C

（六）费用控制的主要条款内容

1. 预付款

除专用合同条款另有约定外，承包人应在收到预付款的同时向发包人提交预付款保函，预付款保函的担保金额应与预付款金额相同。保函的担保金额可根据预付款扣回的金额相应递减。

2. 工程进度付款

（1）监理人在收到承包人进度付款申请单后的14天内完成核查；监理人有权扣发承包人未按合同要求履行义务的金额。

（2）发包人应在监理人收到进度付款申请单后的28天内支付进度款（发包人在签发进度付款证书后的14天内支付）。

（3）监理人出具进度付款证书，不应视为已同意、批准或接受了承包人完成的该部分工作。

3. 质量保证金

缺陷责任期满时，承包人向发包人申请到期应返还承包人剩余的质量保证金金额，发包人应在14天内会同承包人按照合同约定的内容核实承包人是否完成缺陷责任。

4. 竣工结算

（1）承包人提交竣工付款申请单，监理人在收到竣工付款申请单后的14天内完成核查，并报送发包人。

（2）发包人应在收到竣工付款申请单后14天内审核完毕，并由监理人出具经发包人签认的竣工付款证书。

（3）出具竣工付款证书后的14天内，发包人将应支付款支付给承包人。

5. 最终结清

（1）缺陷责任期终止后，承包人提交最终结清申请单，监理人收到最终结清申请单后的14天内审核并报发包人。

（2）发包人应在收到最终结清申请单后14天内审核完毕，由监理人出具经发包人签认的最终结清证书。

(3) 发包人应在监理人出具最终结清证书后的14天内，将支付款支付给承包人。

➤ **重点提示：**(1) 预付款保函与预付款的额度永远保持一致。

(2) 发包人应在监理人收到进度付款申请单后的28天内支付进度款（发包人签发进度支付证书后的14天内支付）。

(3) 返还剩余质量保证金的时间为缺陷责任期满后14天内。

(4) 竣工结算、最终结清过程中涉及的时间均为14天。

第二章

实战演练

[**2016真题·多选**] 根据《中华人民共和国标准施工招标文件》(2007年版) 通用合同条款，关于工程进度款支付的说法，正确的有(　　)。

A. 承包人应在每个付款周期末，向监理人提交进度付款申请单及相应的支持证明文件

B. 监理人应在收到进度付款申请单和证明文件的7天内完成检查，并经发包人同意后，出具经发包人签认的进度付款书

C. 监理人出具进度付款书，不应视为监理人已同意、接受承包人完成的该部分工作

D. 监理人无权扣发承包人未按合同要求履行的工作的相应金额，应提交发包人进行裁决

E. 发包人应在签发进度付款证书后的28天内，将进度应付款支付给承包人

[**解析**] 承包人应在每个付款周期末，按监理人批准的格式和专用合同条款约定的份数，向监理人提交进度付款申请单，并附相应的支持性证明文件。监理人在收到承包人进度付款申请单以及相应的支持性证明文件后的14天内完成核查，提出发包人到期应支付给承包人的金额以及相应的支持性材料，经发包人审查同意后，由监理人向承包人出具经发包人签认的进度付款证书，而不是7天，选项B错误。监理人出具进度付款证书，不应视为监理人已同意、批准或接受了承包人完成的该部分工作。监理人有权扣发承包人未能按照合同要求履行任何工作或义务的相应金额，选项D错误。发包人应在监理人收到进度付款申请单后的28天内，将进度应付款支付给承包人，选项E错误。

[**答案**] AC

(七) 竣工验收

(1) 监理人认为尚不具备竣工验收条件的，在收到竣工验收申请报告后的28天内通知承包人。

(2) 监理人认为已具备竣工验收条件的，在收到竣工验收申请报告后的28天内请发包人验收。

(3) 发包人验收后同意接收工程的，在监理人收到竣工验收申请报告后的56天内，由监理人出具经发包人签认的工程接收证书。

(4) 发包人不同意接收工程的，承包人返工重做或补救处理，并承担相应的费用。

➤ **重点提示：**(1) 掌握竣工验收涉及的时间。

（2）实际竣工日期为提交竣工验收申请报告的时间。

实战演练

[2016真题·单选] 某工程项目承包人于2010年7月12日向发包人提交了竣工验收报告，发包人收到报告后，于2010年8月5日组织竣工验收，参加验收各方于2010年8月10日签署有关竣工验收合格的文件，发包人于2010年8月20日按照有关规定办理了竣工验收备案手续，本项目的实际竣工日期为(　　)。

A. 2010年7月12日

B. 2010年8月5日

C. 2010年8月10日

D. 2010年8月20日

[解析] 除专用合同条款另有约定外，经验收合格工程的实际竣工日期，以提交竣工验收申请报告的日期为准，并在工程接收证书中写明。

[答案] A

[经典例题·单选] 一般情况下，验收合格工程的实际竣工日期为(　　)。

A. 组织工程竣工验收的日期

B. 承包人实际完成工程的日期

C. 承包人提交竣工验收申请报告的日期

D. 工程竣工验收后，发包人给予认可意见的日期

[解析] 除专用合同条款另有约定外，经验收合格工程的实际竣工日期，以提交竣工验收申请报告的日期为准，并在工程接收证书中写明。

[答案] C

（八）缺陷责任和保修责任

1. 缺陷责任期的起算时间

缺陷责任期自实际竣工日期起计算，提前验收的，缺陷责任期也要相应提前。

2. 缺陷责任的归属

（1）承包人应在缺陷责任期内对已交付使用的工程承担缺陷责任。

（2）缺陷责任期内，发包人对已接收使用的工程负责日常维护工作。发包人在使用过程中，发现已接收的工程存在新的缺陷或已修复的缺陷部位或部件又遭损坏的，承包人应负责修复，直至检验合格为止。

（3）监理人和承包人应共同查清缺陷和（或）损坏的原因。经查明属承包人原因造成的，应由承包人承担修复和查验的费用。经查验属发包人原因造成的，发包人应承担修复和查验的费用，并支付承包人合理利润。

（4）承包人不能在合理时间内修复缺陷的，发包人可自行修复或委托其他人修复，所需费用和利润的承担，根据缺陷和（或）损坏原因处理。

3. 缺陷责任期的延长

由于承包人原因造成某项缺陷或损坏使某项工程或工程设备不能按原定目标使用而需要

再次检查、检验和修复的，发包人有权要求承包人相应延长缺陷责任期，但缺陷责任期不超过2年。

4. 缺陷责任期终止证书

在缺陷责任期，包括根据合同规定延长的期限终止后14天内，由监理人向承包人出具经发包人签认的缺陷责任期终止证书，并退还剩余的质量保证金。

5. 保修期

保修期自实际竣工日期起计算。在全部工程竣工验收前，发包人提前验收的单位工程，其保修期的起算日期相应提前。

➤ **重点提示：**“建设工程施工管理”科目中缺陷责任期和保修期的起始日期均为实际竣工日；而“建设工程法规及相关知识”科目中缺陷责任期和保修期的起始日期均为验收合格之日。同一问题，不同科目不同答案，注意区分。

实战演练

[2016 真题·单选] 关于缺陷责任和保修责任的说法，正确的是(　　)。

A. 在全部工程竣工验收前，已经发包人提前验收的单位工程，其缺陷责任期的起算日期按实际竣工验收日期计算

B. 在缺陷责任期，包括根据合同规定延长的期限终止后14天内，由监理人向承包人出具经发包人签认的缺陷责任期终止证书，并退还剩余的质量保证金

C. 缺陷责任期内，承包人对已经接收使用的工程负责日常维护工作

D. 由于承包人原因造成某项工程设备无法按原定目标使用而需要再次修复的，发包人有权要求承包人相应延长缺陷责任期，最长不得超过12个月

[解析] 选项A错误，缺陷责任期自实际竣工日期起计算；在全部工程竣工验收前，已经发包人提前验收的单位工程，其缺陷责任期的起算日期相应提前。选项C错误，缺陷责任期内，发包人对已接收使用的工程负责日常维护工作。选项D错误，由于承包人原因造成某项缺陷或损坏使某项工程或工程设备不能按原定目标使用而需要再次检查、检验和修复的，发包人有权要求承包人相应延长缺陷责任期，但缺陷责任期不超过2年。

[答案] B

[2017 真题·多选] 关于《中华人民共和国标准施工招标文件》(2007年版）中缺陷责任的说法，正确的有(　　)。

A. 发包人提前验收的单位工程，缺陷责任期自全部工程竣工日期起计算

B. 承包人应在缺陷责任期内对已交付使用的工程承担缺陷责任

C. 监理人和承包人应共同查清工程产生缺陷和(或）损坏的原因

D. 缺陷责任期内，承包人对已验收使用的工程承担日常维护工作

E. 承包人不能在合理时间内修复缺陷，发包人自行修复，承包人承担一切费用

[解析] 缺陷责任期自实际竣工日期起计算，在全部工程竣工验收前，已经发包人提前验收的单位工程，其缺陷责任期的起算日期相应提前（选项A错误）。缺陷责任包括：①承包人应在缺陷责任期内对已交付使用的工程承担缺陷责任。②缺陷责任期内，发包人对已接收使用的工程负责日常维护工作（选项D错误）。发包人在使用过程中，发现已接收的工程存在新的缺陷或已修复的缺陷部位或部件又遭损坏的，承包人应负责修复，直至检验合格为止。③监理人和承包人应共同查清缺陷和（或）损坏的原因。经查明属承包人原因造成的，应由承包人承担修复和查验的费用。经查验属发包人原因造成的，发包人应承担修复和查验的费用，并支付承包人合理利润。④承包人不能在合理时间内修复缺陷的，发包人可自行修复或委托其他人修复，所需费用和利润的承担，根据缺陷和（或）损坏原因处理（选项E错误）。

[答案] BC

考点 10 施工专业分包合同的内容

一、工程承包人（总承包单位）的主要责任和义务

（1）承包人应提供总包合同（价格除外）供分包人查阅。

（2）项目经理应及时向分包人提供所需的指令、批准、图纸并履行其他约定的义务。

（3）承包人的工作包括：①向分包人提供各种相关资料，向分包人提供具备施工条件的施工场地；②组织分包人参加图纸会审，进行设计图纸交底；③提供约定的设备和设施，并承担因此发生的费用；④随时为分包人提供确保分包工程的施工所要求的施工场地和通道等；⑤负责整个施工场地的管理工作，确保分包人按照施工组织设计进行施工。

二、专业工程分包人的主要责任和义务

（1）分包人与发包人的关系——无关系。

（2）就分包工程范围内的工作，承包人随时可以向分包人发出指令。

（3）分包人的工作包括：①按合同约定对分包工程进行设计、施工、竣工和保修；②按照合同约定的时间完成规定的设计内容，承包人承担相应费用；③向承包人提供进度计划及相应进度统计报表；④在合同约定的时间内，向承包人提交详细施工组织设计；⑤遵守管理规定，按规定办理有关手续，承包人承担由此发生的费用（分包人责任造成的罚款除外）；⑥已竣工工程未交付承包人之前，分包人应负责已完分包工程的成品保护工作。

三、合同价款的相关规定

（1）分包工程合同价款可以采用三种形式：①固定价格，约定风险范围内可调整；②可调价格；③成本加酬金。

（2）分包合同价款与总包合同相应部分价款无任何连带关系。

（3）承包人应在收到分包工程竣工结算报告及结算资料后28天内支付工程竣工结算价款。

➤ **重点提示：**（1）专业分包合同中承包人的义务——为专业工程分包人提供服务。

（2）专业分包合同中专业工程分包人的义务——按照合同约定保质保量完成工作任务。

（3）专业分包合同中专业工程分包人需要按合同约定对分包工程进行设计、施工、竣工和保修、提供进度计划及相应进度统计报表、提交详细施工组织设计。

实战演练

[经典例题·单选] 根据《建设工程施工专业分包合同（示范文本）》（GF—2003—0213），承包人应在收到分包工程竣工结算报告及结算资料后(　　)天内结算工程价款。

A. 7　　　　B. 14

C. 28　　　　D. 42

[解析] 承包人应在收到分包工程竣工结算报告及结算资料后28天内支付工程竣工结算价款。

[答案] C

[经典例题·多选] 根据《建设工程施工专业分包合同（示范文本）》（GF—2003—0213），分包人的工作包括(　　)。

A. 按照分包合同的约定，对分包工程进行设计、施工、竣工和保修

B. 在合同约定的时间内，向承包人提供工程进度计划及相应进度统计报表

C. 在合同约定的时间内，向承包人提交详细施工组织设计

D. 已竣工工程未交付承包人之前，负责已完分包工程的成品保护工作

E. 按照合同约定的时间，完成规定的设计内容，并承担由此发生的费用

[解析] 选项E不符合题意，分包人按照合同约定的时间完成规定的设计内容，承包人承担相应的费用。

[答案] ABCD

考点 11 施工劳务分包合同的内容

一、工程承包人的主要义务

(1) 组建项目管理班子，对工程的工期和质量向发包人负责。

(2) 完成劳务分包人施工前期的工作，其主要内容包括：①向劳务分包人交付施工场地；②满足劳务作业所需的能源供应、通信及施工道路畅通；③向劳务分包人提供相应的工程资料；④向劳务分包人提供生产、生活临时设施。

(3) 负责编制施工组织设计，统一制定各项管理目标，组织编制年、季、月施工计划和物资需用量计划表，实施对工程质量、工期、安全生产、文明施工、计量检测、实验化验的控制、监督、检查和验收。

(4) 负责工程技术交底，组织图纸会审，统一安排技术档案资料的收集整理及交工验收。

(5) 按时提供图纸，及时交付材料、设备。

(6) 向劳务分包人支付劳动报酬。

(7) 负责与发包人、监理、设计及有关部门协调。

二、劳务分包人的主要义务

(1) 对工程质量向工程承包人负责，不得擅自与发包人联系。

(2) 严格按照图纸施工，安排作业计划。

(3) 自觉接受有关部门的管理、监督和检查。

(4) 劳务分包人须服从工程承包人转发的发包人及工程师（监理人）的指令。

(5) 劳务分包人应对其作业内容的实施、完工负责。

三、保险的相关规定

(1) 劳务分包人施工开始前，工程承包人应获得发包人为自有人员及第三方人员生命财产办理的保险，且不需要劳务分包人支付保险费用。

(2) 运至施工场地用于劳务施工的材料和待安装设备等，由工程承包人办理或获得保险。

(3) 承包人必须为租赁或提供给劳务分包人使用的施工机械设备办理保险。

(4) 劳务分包人必须为从事危险作业的职工办理意外伤害保险，支付保险费用。

(5) 保险事故发生时，劳务分包人和工程承包人有责任采取必要的措施，防止或减少损失。

四、劳务报酬的最终支付

(1) 完工 14 天后，劳务分包人提交结算资料，工程承包人最终支付其劳务报酬。

(2) 工程承包人收到资料后 14 天内进行核实，确认结算资料后 14 天内结款。

(3) 劳务报酬结算价款发生争议时，按合同约定处理。

➢ **重点提示：**(1) 劳务分包合同中劳务分包人的义务——按照合同约定保质保量完成劳务工作任务。

(2) 劳务分包合同中承包人编制进度计划及相应进度统计报表、编制详细施工组织设计。

(3) 保险：谁的东西谁办理保险。

(4) 劳务报酬最终支付：涉及的时间均为 14 天。

实战演练

[2017 真题 · 单选] 根据《建设工程施工劳务分包合同（示范文本）》(GF—2003—0213)，关于保险的说法，正确的是(　　)。

A. 施工前，劳务分包人应为施工场地内的自有人员及第三方人员生命财产办理保险，并承担相关保险费用

B. 劳务分包人应为运至施工场地用于劳务施工的材料办理保险，并承担相关保险费用

C. 劳务分包人必须为从事危险作业的职工办理意外伤害险，并支付相关保险费用

D. 劳务分包人必须为租赁使用的施工机械设备办理保险，并支付相关保险费用

[解析] 选项 A 错误，劳务分包人施工开始前，工程承包人应获得发包人为施工场地内的自有人员及第三方人员生命财产办理的保险，且不需劳务分包人支付保险费用。选项 B 错误，运至施工场地用于劳务施工的材料和待安装设备等，由工程承包人办理或获得保险，且不需劳务分包人支付保险费用。选项 D 错误，工程承包人必须为租赁或提供给劳务分包人使用的施工机械设备办理保险，并支付保险费用。

[答案] C

[经典例题·单选] 根据《建设工程施工劳务分包合同(示范文本)》(GF—2003—0213),劳务分包项目的施工组织设计应由(　　)负责编制。

A. 分包人　　B. 监理人

C. 劳务分包人　　D. 工程承包人

[解析] 根据《建设工程施工劳务分包合同(示范文本)》,工程承包人的义务之一是负责编制施工组织设计,统一制定各项管理目标,组织编制年、季、月施工计划和物资需用量计划表,实施对工程质量、工期、安全生产、文明施工、计量检测、实验化验的控制、监督、检查和验收。

[答案] D

[经典例题·多选] 根据《建设工程施工劳务分包合同(示范文本)》(GF—2003—0213),承包人的义务有(　　)。

A. 为劳务分包人提供生产生活临时设施

B. 为劳务分包人从事危险作业的职工办理意外伤害保险

C. 提供工程资料

D. 负责编制施工组织设计

E. 负责工程测量定位、技术交底、组织图纸会审

[解析] 选项B不符合题意,劳务分包人必须为从事危险作业的职工办理意外伤害保险。

[名师点拨] 做题时须看清题干,了解该题是劳务分包合同的内容还是专业分包合同的内容。选项D,在劳务分包合同中属于承包方的责任,但在专业分包合同中属于专业分包人的责任。此外,"编制进度计划及相应进度统计报表"在劳务分包合同中属于承包方的责任,但在专业分包合同中属于专业分包人的责任。

[答案] ACDE

考点12 工程物资采购合同的主要内容

一、材料采购合同

(一)材料采购合同的概念

材料采购合同是指平等主体的自然人、法人、其他组织之间,以工程项目所需材料为标的、以材料买卖为目的,出卖人(简称卖方)转移材料的所有权于买受人(简称买方),买受人支付材料价款的合同。

(二)材料包装的相关规定

材料的包装是为了保护材料在储运过程中免受损坏。包装质量可按照国家和有关部门规定的标准执行,当事人有特殊要求的,可由双方商定标准,但应保证材料包装适合材料的运输方式,并根据材料特点采取防潮、防雨、防锈、防震、防腐蚀的保护措施和提供包装物及包装物回收等。

（三）材料的交付方式

材料交付可采取送货、自提和代运三种不同方式。由于工程用料数量大、体积大、用品繁杂、时间性强，当事人应采取合理的交付方式，明确交货地点，以便及时、准确、安全、经济地履行合同。

（四）工程材料采购合同的主要内容

工程材料采购合同的主要内容见表 2-2-2。

表 2-2-2　工程材料采购合同的主要内容

项目	主要内容
质量标准	（1）按照颁布的国家标准执行； （2）没有国家标准而有行业标准时，则按照行业标准执行； （3）没有国家标准和行业标准时，可按照企业标准执行； （4）上述标准都没有时，按照双方在合同中约定的技术条件、样品或补充的技术要求执行
材料价格标准	（1）有国家定价的，应按国家定价执行； （2）尚无国家定价的材料，其价格应报请物价主管部门批准； （3）不属于国家定价的产品，可由供需双方协商确定价格
包装物的回收办法	（1）押金回收； （2）折价回收 （包装物一般由供货方负责，一般不另收包装费）
货物验收方式	（1）驻厂验收； （2）提运验收； （3）接运验收； （4）入库验收
交货期限	（1）送货：以采购方收货戳记的日期为准； （2）提货：以供货方按合同规定通知的提货日期为准； （3）物流（委托代运）：以供货方发运产品时承运单位签发的日期为准
违约情况	（1）供货方违约：不能按期供货、不能供货、供应的货物有质量缺陷或数量不足等； （2）采购方违约：不按合同要求接收货物、逾期付款或拒绝付款等

二、设备采购合同

（一）设备采购合同的概念

设备采购合同是指平等主体的自然人、法人、其他组织之间，以工程项目所需设备为标的，以设备买卖为目的，出卖人（简称卖方）转移设备的所有权于买受人（简称买方），买受人支付设备价款的协议。

（二）设备采购合同条款的主要内容

（1）技术规范。提供和交付的货物和技术规范应与合同文件的规定一致。

（2）专利权。卖方应保证买方在使用该货物或其他任何一部分时不受第三方提出侵犯其专利权、商标权和工程设计权的起诉。

(3) 包装要求。卖方提供货物的包装应适应于运输、装卸、仓储的要求，确保货物安全无损运抵现场，并在每份包装箱内附一份详细的装箱单和质量合格证，在包装箱表面做醒目的标记。

(4) 装运条件及装运通知。卖方应在合同规定的交货期间以电报或电传形式将合同号，货物的名称、数量、包装箱号、总毛重、总体积和备妥交货日期通知买方，同时应用挂号信将详细的交货清单以及对货物运输和仓储的特殊要求和注意事项通知买方。如果卖方交货超过合同的数量或重量，产生的一切法律后果由卖方负责。

(5) 保险。对出厂价合同，货物装运后由买方办理保险。对目的地交货价合同，由卖方办理保险。

(6) 交付。卖方按合同规定履行义务，买方可按卖方提供的单据和交付资料交付款项，并在发货时另行随货发运一套。

(7) 质量保证。卖方须保证货物是全新的、未使用过的，并完全符合合同规定的质量、规格和性能的要求，在货物最终验收后的质量保证期内，卖方应对由于设计、工艺或材料的缺陷而发生的任何不足或故障负责，费用由卖方负责。

(8) 检验。在发货前，卖方应对货物的质量、规格、性能、数量和重量等进行准确而全面的检验，并出具证书，但该检验结果不能视为最终检验结果。

(9) 违约罚款。在履行合同过程中，如果卖方遇到不能按时交货或提供服务的情况应及时以书面形式通知买方，并说明不能交货的理由及延误时间。买方在收到通知后，经分析，可通过修改合同酌情延长交货时间。如果卖方毫无理由地拖延交货，买方可没收履约保证金，加收罚款或终止合同。

(10) 不可抗力。发生不可抗力事件后，受事故影响的一方应及时书面通知另一方，双方协调延长合同履行期限或解除合同。

(11) 履约保证金。卖方在收到中标通知书 30 天内，通知银行向买方提供相当于合同总价 10%的履约保证金，其有效期到货物保证期满为止。

(12) 争议的解决。执行合同中所发生的争议，双方应通过友好的协商解决。如协商不能解决时，当事人应选择仲裁解决或诉讼解决，具体解决方式应在合同中明确规定。

(13) 破产终止合同。卖方破产或无清偿能力时，买方可以书面形式通知卖方终止合同，并有权请求卖方赔偿有关损失。

(14) 其他。合同生效时间，合同正本份数，修改或补充合同的程序等。

(三) 合同价款支付方式

设备采购合同通常采用固定总价合同的方式，一共需要支付三次。

(1) 预付款，支付 10%合同价款。

(2) 交货，支付 80%合同价款。

(3) 剩余的 10%合同价款作为设备保证金。采购方签发最终验收合格证书后还给供货方。

➢ **重点提示：**(1) 区分建筑材料采购合同中 4 种货物验收方式、3 种交货期限。

(2) 设备采购合同价款支付方式：10%+80%+10%。

(3) 设备采购合同一般采用固定总价合同。

实战演练

［**2022 真题·单选**］建设工程设备采购合同通常采用的计价方式是（　　）。

A. 固定总价合同　　B. 可调总价合同

C. 固定单价合同　　D. 成本加酬金合同

［**解析**］建设工程设备采购合同通常采用固定总价合同，在合同交货期内价格不进行调整。

［**答案**］A

［**经典例题·单选**］建筑材料采购合同条款的相关说法，正确的是（　　）。

A. 不属于国家定价的材料（产品），由供方确定价格

B. 采购方提货的，交货日期以采购方收货戳记的日期为准

C. 建筑材料的包装物由供方负责，并且一般不另向采购方收费

D. 建筑材料采购合同通常采用固定总价合同

［**解析**］选项 A 错误，不属于国家定价的材料（产品），双方协商确定价格。选项 B 错误，采购方提货的，按照合同规定的通知提货的时间为交货期限。选项 C 正确，包装物一般应由建筑材料的供货方负责供应，并且一般不得另外向采购方收取包装费。选项 D 错误，建筑设备采购合同一般采用固定总价合同，而建筑材料采购合同没有特别的要求。

［**答案**］C

［**经典例题·单选**］关于建筑材料采购合同交货日期的说法，错误的是（　　）。

A. 供货方负责送货的，以采购方收货戳记日期为准

B. 采购方提货的，以供货方按合同规定通知的提货日期为准

C. 委托代运的产品，以供货方发运产品时承运单位签发的日期为准

D. 委托代运的产品，以供货方发运产品时承运单位提出申请的日期为准

［**解析**］交货日期的确定可以按照下列方式：①供货方负责送货的，以采购方收货戳记的日期为准；②采购方提货的，以供货方按合同规定通知的提货日期为准；③凡委托运输部门或单位运输、送货或代运的产品，一般以供货方发运产品时承运单位签发的日期为准，不是以向承运单位提出申请的日期为准。

［**答案**］D

考点 13 单价合同

扫码听课

单价合同的相关内容见表 2-2-3。

表 2-2-3　单价合同的相关内容

项目	内容
适用范围	工程量不确定的项目
结算	完成合同约定的实际完成工程量×合同单价
风险	双方均无工程量方面的风险

续表

项目	内容
优点	(1) 发包单位可以缩短招标准备时间； (2) 投标人可以缩短投标时间
缺点	业主需要安排专门力量来核实已经完成的工程量，对投资控制不利
特点	“单价优先”，以单价为准调整总价
分类	(1) 固定单价合同（工期短、工程量变化不大的项目，约定范围内不可调价）； (2) 变动单价合同（工程量有较大变化、通货膨胀达到一定水平、国家相关政策发生变化时可调价）

实战演练

[经典例题·单选] 关于单价合同的说法，正确的是（　　）。

A. 投标书中出现明显数字计算错误时，评标委员会有权力先作修改再评标

B. 单价合同允许随工程量变化而调整工程单价，业主承担工程量方面的风险

C. 单价合同分为固定单价合同、变动单价合同、成本补偿合同

D. 实际工程款的支付按照估算工程量乘以合同单价进行计算

[解析] 选项A正确，单价合同的特点是单价优先，对于投标书中明显的数字计算错误，业主有权力先作修改再评标，当总价和单价的计算结果不一致时，以单价为准调整总价。选项B错误，单价合同允许随工程量变化而调整工程单价，业主不承担工程量方面的风险。选项C错误，单价合同分为固定单价合同、变动单价合同。选项D错误，实际工程款的支付按照完成合同约定实际工程量乘以合同单价进行计算。

[答案] A

[经典例题·单选] 某施工承包合同采用单价合同，在签约时双方根据估算的工程量约定了一个总价，在实际结算时，合同总价与合同各项单价乘以实际完成工程量之和不一致，则价款结算应以（　　）为准。

A. 签订的合同总价

B. 合同中的各项单价乘以实际完成的工程量之和

C. 双方重新协商确定的单价和工程量

D. 实际完成的工程量乘以重新协商的各项单价之和

[解析] 采用单价合同有时会根据估算的工程量计算一个初步的合同总价，作为投标报价和签订合同之用。但是，当上述初步的合同总价与各项单价乘以实际完成的工程量之和发生矛盾时，则以后者为准，即单价优先。实际工程款的支付也将以实际完成工程量乘以合同单价进行计算。

[答案] B

［经典例题·多选］当采用变动单价合同时，合同中可以约定合同单价调整的情况有（　　）。

A. 工程量发生较大的变化
B. 承包商自身成本发生较大的变化
C. 通货膨胀达到一定水平
D. 国家相关政策发生变化
E. 业主资金不到位

［解析］当采用变动单价合同时，合同双方可以约定一个估计的工程量，当实际工程量发生较大变化时可以对单价进行调整，同时还应该约定如何对单价进行调整；当然也可以约定，当通货膨胀达到一定水平或者国家政策发生变化时，可以对哪些工程内容的单价进行调整以及如何调整等。

［答案］ACD

考点 14 总价合同

扫码听课

一、总价合同的特点

（1）发包单位可以较早预测工程成本。

（2）业主的风险较小。

（3）评标时易于迅速确定最低报价的投标人。

（4）能极大地调动承包人的积极性。

（5）发包单位能更容易、更有把握地对项目进行控制。

（6）必须完整而明确地规定承包人的工作。

（7）将设计和施工的变化控在最小限度内。

二、总价合同的分类

（一）固定总价合同

1. 适用条件

（1）工程量小，工期短（1 年左右），变化小的项目。

（2）工程设计详细，图纸完整。

（3）工程结构和技术简单，风险小。

（4）投标期相对宽裕。

（5）双方权利义务清楚，合同条件完备。

➢ **注意**：固定总价合同为“约定可调”。

2. 承包方承担的风险

固定总价合同的风险由承包方承担。

（1）价的风险（价格风险）：报价计算错误、漏报项目、物价和人工费上涨。

（2）量的风险（工作量风险）：工程量计算错误、工程范围不确定、工程变更或者由于设计深度不够所造成的误差。

（二）变动总价合同

变动总价合同的调价情形有以下几方面：

（1）法律、行政法规和国家有关政策变化影响合同价款。

（2）工程造价管理部门公布的价格调整。

（3）一周内非承包人原因停水、停电、停气造成的停工累计超过 8 h。

（4）双方约定的其他因素。

➢ **重点提示：** 区分单价合同和总价合同的特点、适用范围、分类。

实战演练

[**2023 真题 · 单选**] 下列施工承包合同类型中，承包人需承担较大的物价上涨和工程量变化风险的是（　　）。

A. 变动单价合同　　B. 变动总价合同

C. 固定总价合同　　D. 固定单价合同

[**解析**] 采用固定总价合同，承包商的风险主要有两个方面：一是价格风险，二是工作量风险。

[**答案**] C

[**经典例题 · 单选**] 关于总价合同的说法，正确的是（　　）。

A. 总价合同适用于工期要求紧的项目，业主可在初步设计完成后进行招标，从而缩短招标准备时间

B. 工程施工承包招标时，施工期限 1 年左右的项目一般采用变动总价合同

C. 固定总价合同可以约定，在发生重大工程变更时可以对合同价格进行调整

D. 变动总价合同中，通货膨胀等不可预见因素的风险由承包商承担

[**解析**] 选项 A 错误，投标期相对宽裕，承包商可以有充足的时间详细考察现场，复核工程量，分析招标文件，拟订施工计划。选项 B 错误，在工程施工承包招标时，施工期限 1 年左右的项目一般实行固定总价合同。选项 C 正确，在固定总价合同中可以约定，在发生重大工程变更、累计工程变更超过一定幅度或者其他特殊条件下可以对合同价格进行调整。选项 D 错误，发生通货膨胀等原因致使使用的工料成本增加时，价格可以调整，费用由业主承担。

[**答案**] C

[**经典例题 · 多选**] 关于总价合同的说法，正确的有（　　）。

A. 采用固定总价合同，双方结算比较简单，但承包商承担了较大的风险

B. 发包人能更容易、更有把握地对项目进行控制

C. 固定总价合同适用于工程结构和技术复杂的工程

D. 在固定总价合同中，承包方承担工程量风险主要是人工费上涨

E. 由于承包方的失误导致投标报价计算错误，合同总价不予调整

[**解析**] 选项 A 正确，采用固定总价合同，双方结算比较简单，但是承包商承担较大风险。选项 B 正确，采用总价合同，发包单位能更容易、更有把握地对项目进行控制。选项 C 错误，固定总价合同适用于工程结构和技术简单、风险小的工程。选项 D 错误，选项

E正确，在固定总价合同中，合同总价是固定不变的，其风险由承包方承担：①价格风险，如报价计算错误、漏报项目、物价和人工费上涨等；②工作量风险，如工程量计算错误、工程范围不确定、工程变更或者由于设计深度不够造成的误差等。

［答案］ABE

考点15 成本加酬金合同

成本加酬金合同的相关内容见表2-2-4。

表2-2-4 成本加酬金合同的相关内容

项目	内容
适用范围	(1) 工程特别复杂，工程技术、结构方案不能预先确定； (2) 时间特别紧迫，如抢险、救灾工程，来不及详细地商谈
风险	主要由业主承担，对业主的投资控制很不利
优点	(1) 分段施工缩短工期； (2) 减少承包商的对立情绪； (3) 利用承包商的施工技术专家，改进或弥补设计中的不足； (4) 业主可以根据自身力量，较深入地介入和控制工程施工和管理； (5) 可以通过确定最大保证价格约束工程成本不超过某一限值，从而转移一部分风险
缺点	合同的不确定性大，由于设计未完成，难以对工程计划进行合理安排
分类	(1) 成本加固定费用合同——适用于工程变化不大的项目，但实际工程量超过原计划10%，酬金同样可调； (2) 成本加固定比例费用合同——适用于无法按常规编制招标文件的项目； (3) 成本加奖金合同——根据合同约定的估算指标计算奖金，实际成本处于估算指标60%～75%时奖金多，实际成本处于估算指标的110%～135%时奖金少，实际成本超过估算指标的135%时罚款，最大罚款数额不得超出最大奖金数额； (4) 最大成本加费用合同——适用于设计深度很深的项目，固定酬金包括各项管理费、风险费及利润（非代理型CM模式下采用这种方式）

注：①施工总承包管理模式下，一般采用成本加酬金合同。

②非代理型CM模式也称为风险型CM模式，指的是业主将分包招标委托给了CM公司，但是担心CM公司分包招标的费用会超出业主预期的投资额，为此业主事先明确一个最大成本，因此非代理型CM模式通常采用最大成本加费用合同。

➤ **重点提示**：(1) 掌握成本加酬金合同的适用范围、优缺点。

(2) 掌握四种不同的成本加酬金合同的适用条件，每年必考。

实战演练

［经典例题·单选］某项目招标时，因图纸、规范准备不充分，不能据此确定合同价格，而仅能制定一个估算指标，则适宜采用的合同形式是（　　）。

A. 成本加固定费用合同　　B. 最大成本加费用合同

C. 成本加奖金合同　　D. 成本加固定比例费用合同

[解析] 在招标时，当图纸、规范等准备不充分，不能据以确定合同价格，而仅能制定一个估算指标时，可采用成本加奖金合同。

[答案] C

[经典例题·单选] 下列工程项目中，宜采用成本加酬金合同的是（　　）。

A. 工程结构和技术简单的工程项目

B. 工程设计详细，图纸完整、清楚，工作任务和范围明确的工程项目

C. 时间特别紧迫的抢救、救灾工程项目

D. 工程量暂不确定的工程项目

[解析] 选项 A、B 适用于总价合同；选项 D 适用于单价合同。

[答案] C

[经典例题·单选] 关于成本加奖金合同的说法，正确的是（　　）。

A. 奖金是按照报价书的成本估算指标制定的，合同中对估算指标规定的底点为工程成本估算的 50%～95%

B. 奖金是按照报价书的成本估算指标制定的，合同中对估算指标规定的顶点为工程成本估算的 100%～155%

C. 承包商在估算成本顶点以上完成时，对承包商的最大罚款额度不超过原先商定的最高酬金值

D. 承包商在估算成本底点以下完成工程时，不能加大酬金值或酬金百分比

[解析] 选项 A、B 错误，奖金是根据合同约定的估算指标计算的，合同中对估算指标规定的底点为工程成本估算的 60%～75%，顶点为成本估算的 110%～135%。选项 D 错误，承包商在估算成本顶点以下完成时可得到奖金，在成本顶点以上完成时要支付罚款，在成本底点之下完成时，则可加大酬金值或酬金百分比。

[答案] C

[经典例题·单选] 关于成本加酬金合同的说法，正确的是（　　）。

A. 采用该计价方式对业主的投资控制不利

B. 成本加酬金合同不适用于抢险、救灾工程

C. 成本加酬金合同不宜用于项目管理合同

D. 对于承包商来说，成本加酬金合同比固定总价合同的风险高

[解析] 成本加酬金合同中，风险主要由业主承担，对业主的投资控制很不利。成本加酬金合同适用于抢险、救灾工程，施工总承包管理合同，选项 B、C 错误。对于承包商来说成本加酬金合同比固定总价合同的风险低，选项 D 错误。

[答案] A

[经典例题·单选] 关于成本加固定费用合同的说法，正确的是（　　）。

A. 在工程总成本一开始估计不准，可能变化不大的情况下宜采用成本加固定费用合同

B. 报酬总额随工程成本的加大而增加

C. 由于酬金金额固定，承包商在缩短工期方面没有积极性

D. 通常在非代理型 CM 模式的合同中采用

［解析］ 选项 B 错误，根据双方讨论同意的工程规模、估计工期、技术要求、工作性质及复杂性、所涉及的风险等来考虑确定一笔固定数目的报酬金额作为管理费及利润，对人工、材料、机械台班等直接成本则实报实销。选项 C 错误，成本加固定酬金的方式虽然不能鼓励承包商降低成本，但为了尽快得到酬金，承包商会尽力缩短工期。选项 D 错误，在非代理型 CM 模式的合同中采用最大成本加费用合同。

［答案］ A

［经典例题 · 多选］ 在最大成本加费用合同中，投标人所报的固定酬金中应包括的有（　　）

A. 管理费

B. 临时设施费

C. 暂定金额

D. 利润

E. 风险费

［解析］ 最大成本加费用合同适用于设计深度很深的项目，合同中的固定酬金包括各项管理费、风险费和利润。

［答案］ ADE

第三节　施工承包风险管理及担保保险

考点 1　风险和风险区域

一、风险的概念

风险是未来可能发生的危险或损失。影响风险大小的因素有两个，一个是发生的概率，另一个是损失量。

二、风险区域的划分

根据事件的发生概率和损失量，风险区域划分如图 2-3-1 所示。

（1）损失量和概率均最大时为风险区 A。

（2）损失量最大、概率最小时为风险区 B。

（3）损失量最小、概率最大时为风险区 C。

（4）损失量和概率均最小时为风险区 D。

从风险区 A 转化到风险区 D 可以先降低概率到风险区 B，再降低损失量到风险区 D；或先降低损失量到风险区 C，再降低概率到风险区 D。

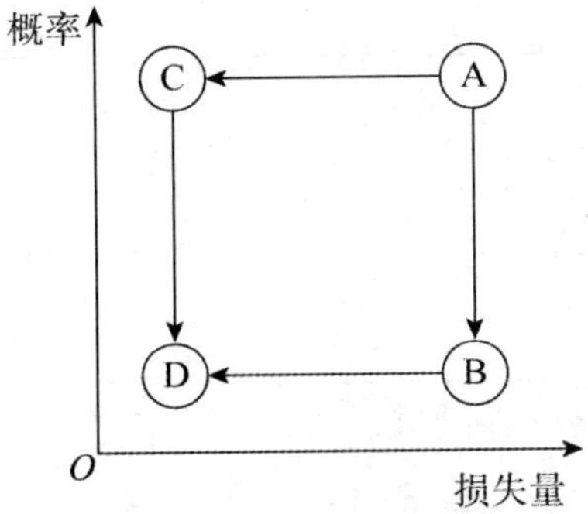

图 2-3-1　事件风险区域划分

➤ **重点提示：**（1）风险的大小取决于两个因素：损失量和发生的概率。

（2）掌握如何从风险区 A 转移到风险区 D。

实战演练

［**经典例题·单选**］在事件风险量的区域图中，若某事件经过风险评估，处于风险区 A，则应采取措施降低其概率，可使它移位至（　　）。

A. 风险区 B

B. 风险区 C

C. 风险区 D

D. 风险区 E

［**解析**］若某事件经过风险评估，处于风险区 A，则应采取措施降低其概率，使它移位至风险区 B，或采取措施降低其损失量，使它移位至风险区 C。风险区 B 和 C 的事件则应采取措施，使其移位至风险区 D。

［**答案**］A

考点 2　施工风险的类型

施工风险的类型见表 2-3-1。

表 2-3-1　施工风险的类型

类型	举例
组织风险	承包商管理人员、一般技工、施工机械操作人员、安全管理人员等的知识、经验、能力
经济与管理风险	（1）工程资金供应条件； （2）合同风险； （3）现场与公用防火设施的可用性及其数量； （4）事故防范措施和计划； （5）人身安全控制计划； （6）信息安全控制计划等
工程环境风险	（1）自然灾害； （2）岩土地质条件和水文地质条件； （3）气象条件； （4）引起火灾和爆炸的因素等

续表

类型	举例
技术风险	(1) 工程设计文件； (2) 工程施工方案； (3) 工程物资； (4) 工程机械等

➤ **重点提示：**(1) 重点掌握不同风险类型中标记的举例。

(2) 组织风险可以总结为：人员的知识、经验和能力。

实战演练

[经典例题·单选] 某建设工程项目在基坑开挖阶段，遇到了不利的软弱土层，需要进行地基处理，使施工进度延迟、施工费用增加，该风险属于（　　）。

A. 组织风险

B. 技术风险

C. 工程环境风险

D. 经济与管理风险

[解析] 工程环境风险包括：①自然灾害；②岩土地质条件和水文地质条件；③气象条件；④引起火灾和爆炸的因素等。

[答案] C

[2023 真题·多选] 下列工程项目施工风险中，属于组织风险的有（　　）。

A. 人身安全控制计划不周

B. 施工机械操作人员经验不足

C. 存在火灾事故隐患

D. 安全管理人员知识欠缺

E. 工程施工方案不当

[解析] 施工组织风险有：①承包商管理人员和一般技工的知识、经验和能力不足；②施工机械操作人员的知识、经验和能力不足；③损失控制和安全管理人员的知识、经验和能力不足等。

[答案] BD

考点 3 施工风险管理的流程及方法

根据《建设工程项目管理规范》(GB/T 50326—2017)，施工风险管理的流程及方法见表 2-3-2。

表 2-3-2 施工风险管理的流程及方法

工作流程	方法
项目风险识别	(1) 收集与施工风险有关的信息； (2) 确定风险因素； (3) 编制施工风险识别报告
项目风险评估	(1) 分析各种风险因素发生的概率； (2) 分析各种风险的损失量； (3) 确定各种风险的风险量和风险等级

续表

工作流程	方法
项目风险应对	规避、减轻、自留、转移及其组合等策略（如向保险公司投保是风险转移的一种措施）
项目风险监控	预测可能发生的风险，对其进行监控并提出预警

注：规避——避开不良地基、依法进行招投标等；减轻——制定应急预案；自留——预留不可预见费、设立风险基金；转移——分包转移、担保转移、保险转移。

➤ **重点提示：**（1）掌握风险管理四大工作流程及相应的方法。

（2）区分风险响应的措施：规避、减轻、自留、转移。

实战演练

[经典例题·单选] 下列施工风险管理工作中，属于风险应对的是（　　）。

A. 收集与项目风险有关的信息

B. 监控可能发生的风险并提出预警

C. 确定各种风险的风险量和风险等级

D. 向保险公司投保难以控制的风险

[解析] 选项 A 属于风险识别；选项 B 属于风险监控；选项 C 属于风险评估。

[答案] D

[经典例题·单选] 下列工程施工风险管理工作中，属于风险评估的是（　　）。

A. 确定风险因素

B. 编制项目风险识别报告

C. 确定各种风险的风险量和风险等级

D. 对风险进行监控

[解析] 选项 A、B 属于项目风险识别；选项 D 属于项目风险监控。

[答案] C

[经典例题·单选] 施工风险管理过程包括：①风险应对；②风险评估；③风险识别；④风险监控。其正确的管理流程是（　　）。

A. ③→②→④→①

B. ③→②→①→④

C. ②→③→④→①

D. ①→③→②→④

[解析] 施工风险管理过程包括施工全过程的风险识别、风险评估、风险应对和风险监控。

[答案] B

[经典例题·多选] 下列工程施工风险管理工作中，属于风险识别工作的有（　　）。

A. 分析各种风险的损失量

B. 分析各种风险因素发生的概率

C. 确定风险因素

D. 对风险进行监控

E. 收集与项目风险有关的信息

［解析］风险管理过程包括施工全过程的风险识别、风险评估、风险应对和风险监控。其中，风险识别应遵循下列程序：①收集与施工风险有关的信息；②确定风险因素；③编制施工风险识别报告。

［答案］CE

考点 4 施工合同风险的分类

一、工程合同风险的分类

工程合同风险有多种分类方法，按合同风险产生的原因可以分为合同工程风险和合同信用风险。

（1）合同工程风险是由客观原因和非主观故意导致的，如不利的地质条件变化、工程变更、物价上涨、不可抗力等。

（2）合同信用风险是由主观原因导致的，如业主拖欠工程款，承包商层层转包、非法分包、偷工减料、以次充好、知假买假等。

二、施工合同风险的类型

（一）项目外界环境风险

（1）政治环境变化：战争、社会动乱。

（2）经济环境变化：通货膨胀、汇率调整。

（3）合同所依据的法律环境变化。

（4）自然环境变化：洪水、地震、台风等。

（二）项目组织成员资信和能力风险

（1）业主资信和能力风险。

（2）承包商（分包商、供货商）资信和能力风险。

（3）其他：政府机关和周边居民等的干预、苛求等。

（三）管理风险

（1）对环境调查和预测的风险。

（2）合同条款不严密、错误、二义性，工程范围和标准存在不确定性。

（3）承包商投标策略错误，错误地理解业主意图和招标文件，导致实施方案错误、报价失误等。

（4）承包商的技术设计、施工方案、施工计划和组织措施存在缺陷和漏洞，计划不周。

（5）实施控制过程中的风险，如合作伙伴的争执、责任不明。

➢ **注意：**管理风险可以理解为"由于相关工作人员工作态度不端正造成的风险"。

➢ **重点提示：**区分施工合同风险的三种类型。

实战演练

［经典习题·单选］下列施工合同风险中，属于管理风险的是（　　）。

A. 业主改变设计方案

B. 对环境调查和预测的风险

C. 自然环境的变化

D. 合同所依据环境的变化

[解析] 施工合同的管理风险包括：①对环境调查和预测的风险；②合同条款不严密、错误、二义性，工程范围和标准存在不确定性；③承包商投标策略错误，错误地理解业主意图和招标文件，导致实施方案错误、报价失误等；④承包商的技术设计、施工方案、施工计划和组织措施存在缺陷和漏洞，计划不周；⑤实施控制过程中的风险。选项 A 属于项目组织成员资信和能力风险；选项 C、D 属于项目外界环境风险。

[答案] B

考点 5　工程合同风险分配

一、工程合同风险分配的重要性

业主确定合同类型，对风险的分配起主导作用。业主不能把风险全部推给对方，一定要理性分配风险。合理地分配风险的好处有以下几方面：

(1) 业主可以获得一个合理的报价，承包商报价中的不可预见风险费较少。

(2) 减少合同的不确定性，承包商可以准确地计划和安排工程施工。

(3) 可以最大限度发挥合同双方风险控制和履约的积极性。

(4) 整个工程的产出效益可能会更好。

二、工程合同风险分配的原则

工程合同风险分配的原则是从工程整体效益出发，最大限度发挥双方的积极性，尽可能做到以下几方面：

(1) 谁能最有效地预测、防止和控制风险/有效地降低风险损失/将风险转移给其他方面，则应由该人承担相应的风险责任。

(2) 承担者控制相关风险是经济的。

(3) 通过风险分配加强责任，发挥双方管理和技术革新的积极性等。

➤ **重点提示：** 风险分配的原则是谁有能力谁承担相应的风险，谁承担该风险花费少谁承担此风险。

实战演练

[经典习题·单选] 关于工程合同风险分配的说法，正确的是（　　）。

A. 业主、承包商谁能更有效地降低风险、损失，则应由谁承担相应的风险责任

B. 承包商在工程合同风险分配中起主导作用

C. 业主、承包商谁承担管理风险的成本最高则应由谁来承担相应的风险责任

D. 合同定义的风险没有发生，业主不用支付承包商投标中的不可预见风险费

[解析] 谁能最有效地预测、防止和控制风险/有效地降低风险损失/将风险转移给其他方面，则应由该人承担相应的风险责任。

[答案] A

［经典习题·多选］有关工程合同风险分配，合理地分配风险的好处有（　　）。

A. 业主可以获得一个合理的报价，承包商报价中的不可预见风险费较少

B. 减少合同的不确定性，承包商可以准确地计划和安排工程施工

C. 可以最大限度发挥合同双方风险控制和履约的积极性

D. 整个工程的产出效益可能会更好

E. 承包商对风险的分配起主导作用

［解析］合理地分配风险的好处：①业主可以获得一个合理的报价，承包商报价中的不可预见风险费较少；②减少合同的不确定性，承包商可以准确地计划和安排工程施工；③可以最大限度发挥合同双方风险控制和履约的积极性；④整个工程的产出效益可能会更好。

［答案］ABCD

考点 6 建设工程保险

建设工程保险包括以下几种。

（1）工程一切险：包括建筑工程一切险、安装工程一切险两类。在施工过程中如果发生保险责任事件使工程本体受到损害，已支付进度款部分的工程属于项目法人的财产，尚未获得支付但已完成部分的工程属于承包人的财产，因此要求投保人办理保险时应以双方名义共同投保。为了保证保险的有效性和连贯性，国内工程通常由项目法人办理保险，国际工程一般要求由承包人办理保险。

（2）第三责任险：被保险人是项目法人和承包人。

（3）人身意外伤害险。

（4）承包人设备险。

（5）执业责任险。

（6）CIP 保险（一揽子保险）：劳工赔偿、雇主责任险、一般责任险、建筑工程一切险、安装工程一切险。

➢ **重点提示：**重点掌握保险责任除外责任。

实战演练

［2023 真题·单选］根据标的不同，保险可分为不同类型。建筑工程一切险和安装工程一切险均属于（　　）保险。

A. 责任　　　　B. 信用　　　　C. 人身　　　　D. 财产

［解析］按照我国保险制度，工程一切险包括建筑工程一切险、安装工程一切险两类。在施工过程中如果发生保险责任事件使工程本体受到损害，已支付进度款部分的工程属于项目法人的财产，尚未获得支付但已完成部分的工程属于承包人的财产，因此要求投保人办理保险时应以双方名义共同投保。综上所述，建筑工程一切险和安装工程一切险均属于财产保险。

［答案］D

［经典例题·单选］工地其他承包商在现场从事与工作有关的职工的伤亡属于（　　）。

A. 第三者责任险B. 工程一切险和人身意外伤害险

C. 业主责任险D. 承包商责任险

［解析］公司和其他承包商在现场从事与工作有关的职工的伤亡不属于第三者责任险的赔偿范围，而属于工程一切险和人身意外伤害险的范围。

［答案］B

［经典例题·单选］为了保证保险的有效性和连贯性，国内工程通常由项目法人办理保险，国际工程一般要求（　　）办理保险。

A. 项目经理　　B. 发包人

C. 监理工程师　　D. 承包人

［解析］为了保证保险的有效性和连贯性，国内工程通常由项目法人办理保险，国际工程一般要求由承包人办理保险。

［答案］D

［经典例题·单选］按照我国保险制度，建安工程一切险（　　）。

A. 由承包人担保

B. 包含执业责任险

C. 包含人身意外伤害险

D. 应由投保人以双方名义共同投保

［解析］按照我国保险制度，工程一切险包括建筑工程一切险、安装工程一切险两类。在施工过程中如果发生保险责任事件使工程本体受到损害，已支付进度款部分的工程属于项目法人的财产，尚未获得支付但已完成部分的工程属于承包人的财产，因此要求投保人办理保险时应以双方名义共同投保。

［答案］D

［经典例题·单选］根据我国保险制度，关于建设工程第三者责任险的说法，正确的是(　　)。

A. 被保险人是项目法人和承包人以外的第三人

B. 赔偿范围包括承包商在工地的财产损失

C. 被保险人是项目法人和承包人

D. 赔偿范围包括承包商在现场从事与工作有关的职工伤亡

［解析］选项A错误，选项C正确，第三者责任险是指由于施工的原因导致项目法人和承包人以外的第三人受到财产损失或人身伤害的赔偿，第三者责任险的被保险人也应是项目法人和承包人。选项B、D错误，属于承包商或业主在工地的财产损失，或其公司和其他承包商在现场从事与工作有关的职工的伤亡不属于第三者责任险的赔偿范围，而属于工程一切险和人身意外伤害险的范围。

［答案］C

考点 7 建设工程担保

一、投标担保

（一）投标担保的形式

投标担保可以采用银行保函、担保公司担保书、同业担保书和投标保证金担保的形式。

（二）担保额度和有效期

（1）根据《工程建设项目施工招标投标办法》（七部委 30 号令），施工投标保证金不得超过项目估算价的 2%，但不得超过 80 万元人民币。投标保证金有效期应当与投标有效期一致。

（2）根据《中华人民共和国招标投标法实施条例》（2019 年修订版，国务院令第 613 号），投标保证金不得超过招标项目估算价的 2%。投标保证金有效期应当与投标有效期一致。

二、履约担保

履约担保的担保金额最大。

（一）履约担保的形式

履约担保可以采用银行保函（商业银行开具，担保额度约为合同金额的 10%）、履约担保书和履约保证金的形式，也可以采用同业担保的形式。

（二）履约担保有效期

履约担保有效期始于工程开工之日，终止日期则可以约定为工程竣工交付之日或者保修期期满之日。

三、预付款担保

预付款担保额度约为合同金额的 10%。预付款担保的形式：银行保函（递减）、担保公司提供保证担保、抵押等。

四、支付担保

支付担保的形式：银行保函、履约保证金、担保公司担保等。发包人的支付担保实行分段滚动担保。支付担保的额度为工程合同总额的 20%～25%。本段清算后进入下段。

➢ **重点提示：** 重点区分四种工程担保的形式。

实战演练

［2023 真题・单选］ 某公共设施项目依法通过公开招标方式选择施工承包单位，中标合同价为 800 万元。根据相关法规，发包人要求中标人提交的履约保证金不应超过（　　）万元。

A. 80　　B. 40　　C. 24　　D. 16

［解析］ 履约保证金不得超过中标合同金额的 10%。

［答案］ A

［经典例题・单选］ 我国建设工程常用的担保方式中，担保金额最大的是（　　）。

A. 投标担保　　B. 保修担保

C. 履约担保　　D. 预付款担保

［解析］ 履约担保是指招标人在招标文件中规定的要求中标的投标人提交的保证履行合同义务和责任的担保。这是工程担保中最重要也是担保金额最大的工程担保。

［答案］ C

［经典例题·单选］ 预付款担保的主要作用是（　　）。

A. 保证承包人能够按合同规定进行施工，偿还发包人已支付的全部预付金额

B. 促使承包商履行合同约定，保护业主的合法权益

C. 保护招标人不因中标人不签约而蒙受经济损失

D. 确保工程费用及时支付到位

［解析］ 预付款担保的主要作用在于保证承包人能够按合同规定进行施工，偿还发包人已支付的全部预付金额。

［答案］ A

［经典例题·单选］ 下列工程担保中，以保护承包人合法权益为目的的是（　　）。

A. 投标担保　　B. 支付担保

C. 履约担保　　D. 预付款担保

［解析］ 支付担保是中标人要求招标人提供的保证履行合同中约定的工程款支付义务的担保。作用在于，通过对业主资信状况进行严格审查并落实各项担保措施，确保工程费用及时支付到位；一旦业主违约，付款担保人将代为履约，因此保证了承包人的合法权益。

［答案］ B

［经典例题·多选］ 我国投标担保可以采用的担保形式有（　　）。

A. 银行保函　　B. 信用证

C. 担保公司担保书　　D. 同业担保书

E. 投标保证金

［解析］ 投标担保可以采用银行保函、担保公司担保书、同业担保书和投标保证金担保的形式。

［答案］ ACDE

第三章

施工进度管理

第三章

名师导学

本章包括“施工进度影响因素与进度计划系统”“流水施工进度计划”“工程网络计划技术”“施工进度控制”四节内容。其中，“流水施工进度计划”“工程网络计划技术”是本章最核心的部分，不仅是管理中的重点，更是各大实务科目案例题中考查的重点，要求大家理解并熟练掌握每一个计算公式。本章难度大、对应内容的考试所占分值高，应作为学习的重点。

第一节 施工进度影响因素与进度计划系统

考点 1 建设工程项目进度管理的概念

工程项目进度管理是指项目管理者围绕目标工期的要求编制计划，付诸实施，并在实施过程中不断检查计划的实际执行情况、分析进度偏差原因、进行相应调整和修改；通过对进度影响因素实施控制及各种关系的协调，在兼顾费用、安全、质量控制目标的同时，努力缩短建设工期。工程项目进度管理的对象是项目建设工期。

由于在工程项目建设过程中存在着许多影响进度的因素，因此进度管理人员必须事先对这些影响因素进行调查分析，预测其影响程度，确定合理的进度管理目标，编制可行的进度计划，使工程建设始终按计划进行。但不管进度计划的周密程度如何，都很难按照原定的进度计划执行。为此，进度管理人员必须掌握动态控制原理，在分析进度偏差及其产生原因的基础上，通过采取组织、技术、合同、经济等措施，尽量维持原进度计划。如果采取措施后仍不能维持原计划，则需要对原进度计划进行调整或修正，再按照新的进度计划实施。只有这样不断地检查和调整，才能保证工程项目进度得到有效控制与管理。

考点 2 建设工程项目进度管理的原理

工程项目进度管理始于进度计划的编制，是一个不断编制、执行检查、分析和调整计划的动态循环过程。工程项目进度管理过程中必须遵循以下原理：

（1）动态控制原理。

当实际进度按照计划进度进行时，若存在偏差，要分析偏差的原因，采取相应的措施，调整原计划，使实际进度与计划进度在新的起点上重合，继续按照计划进行工程建设活动。但在新的干扰因素作用下，又需要进行控制，如此反复。工程项目进度管理就是采用这种动态循环的控制方法。

（2）系统原理。

将系统原理运用于进度管理的主要含义：①应按工程项目不同的建设阶段分别编制计划，从而形成严密的进度计划系统；②建立由各个不同管理主体及其不同管理层次组成的进度管理组织实施系统；③进度管理自计划编制开始，经过计划实施过程中的跟踪检查、发现进度偏差、分析偏差原因、制订调整或修正措施等一系列环节再回到对原进度计划的执行或调整，从而构成一个封闭的循环系统；④采用工程网络计划技术编制进度计划并对其执行情况实施严格的量化管理。

（3）封闭循环原理。

工程项目进度计划管理的全过程是计划→实施→检查→比较分析→确定调整措施→再计划。从编制项目进度计划开始，经过实施过程中的跟踪检查，收集有关实际进度的信息，比较和分析实际进度与计划进度之间的偏差，找出产生原因和解决办法，确定调整措施，再修改原进度计划，形成一个封闭的循环系统。

考点 3 建设工程项目总进度目标的内容和进度目标的论证

建设工程项目总进度目标的内容和进度目标的论证如图 3-1-1 所示。

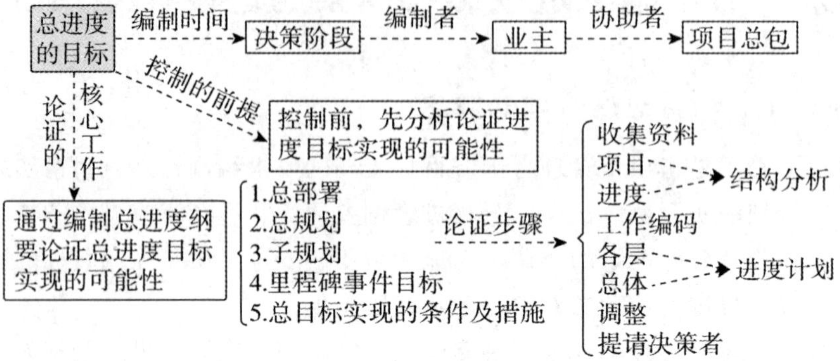

图 3-1-1　建设工程项目总进度目标的内容及进度目标的论证

➤ **注意：** 项目总进度包括：

（1）设计前准备阶段的工作进度。

（2）设计工作进度。

（3）招标工作进度。

（4）施工前准备工作进度。

（5）工程施工和设备安装工作进度。

（6）工程物资采购工作进度。

（7）项目动用前的准备工作进度等。

➤ **重点提示：**（1）项目总进度目标控制前，首先应分析和论证目标实现的可能性。

（2）项目总进度的划分与项目实施阶段的划分不同，项目总进度无保修阶段的进度，而且包含招标工作的进度。

（3）项目总进度目标论证包括总进度规划的编制工作、工程实施的条件分析和工程实施策划方面的问题。

（4）项目总进度目标论证的核心工作是论证总进度目标实现的可能性。

（5）项目总进度纲要主要内容的顺口溜：“3 总＋1 子＋1 里程碑”。

（6）建设工程项目总进度目标论证的工作步骤中，应重点掌握：“2 结构分析＋1 编码＋2 进度计划”。

实战演练

［2023 真题 · 单选］ 在进行建设工程项目总进度目标控制前，首先应进行的工作是（　　）。

A. 分析和论证目标实现的必要性

B. 明确目标实现的必要条件

C. 明确目标实现的可行路径

D. 分析和论证目标实现的可能性

［解析］在进行建设工程项目总进度目标控制前，首先应分析和论证目标实现的可能性。

［答案］D

［2018 真题·单选］根据建设工程项目总进度目标论证的工作步骤，编制各层（各级）进度计划的紧前工作是（　　）。

A. 调查研究和收集资料　　B. 进行项目结构分析

C. 进行进度计划系统的结构分析　　D. 确定项目的工作编码

［解析］建设工程项目总进度目标论证的工作步骤包括：①调查研究和收集资料；②进行项目结构分析；③进行进度计划系统的结构分析；④确定项目的工作编码；⑤编制各层（各级）进度计划；⑥协调各层进度计划的关系和编制总进度计划；⑦若所编制的总进度计划不符合项目的进度目标，则设法调整；⑧若经过多次调整，进度目标无法实现，则报告项目决策者。

［答案］D

［2017 真题·单选］关于建设工程项目总进度目标的说法，正确的是（　　）。

A. 建设工程项目总进度目标的控制是施工总承包方项目管理的任务

B. 在进行项目总进度目标控制前，应分析和论证目标实现的可能性

C. 项目实施阶段的总进度指的就是施工进度

D. 项目总进度目标论证就是要编制项目的总进度计划

［解析］选项 A 错误，建设工程项目总进度目标的控制是业主方项目管理的任务。选项 C 错误，在项目的实施阶段，项目总进度不仅仅是施工进度。选项 D 错误，总进度目标论证包括总进度规划的编制工作、工程实施的条件分析和工程实施策划方面的问题。

［答案］B

［经典例题·单选］建设工程项目总进度目标的控制是（　　）项目管理的任务。

A. 业主方　　B. 设计方

C. 施工方　　D. 供货方

［解析］建设工程项目总进度目标的控制是业主方项目管理的任务。

［答案］A

［经典例题·单选］建设工程项目的总进度目标是在项目的（　　）阶段确定的。

A. 决策　　B. 设计

C. 招标　　D. 施工

［解析］建设工程项目的总进度目标是在项目决策阶段项目定义时确定的。

［答案］A

［2020 真题·多选］项目实施阶段的总进度包括（　　）工作进度。

A. 可行性研究　　B. 设计

C. 招标　　D. 工程物资采购

E. 工程施工

［解析］项目实施阶段的总进度包括：①设计前准备阶段的工作进度；②设计工作进度；③招标工作进度；④施工前准备工作进度；⑤工程施工和设备安装工作进度；⑥工程物资采购工作进度；⑦项目动用前的准备工作进度等。

［答案］BCDE

［经典例题·多选］建设工程项目总进度纲要的主要内容包括(　　)。

A. 项目实施的总体部署

B. 项目结构分析

C. 总进度规划

D. 确定里程碑事件的计划进度目标

E. 总进度目标实现的条件

［解析］总进度纲要的主要内容包括：①项目实施的总体部署；②总进度规划；③各子系统进度规划；④确定里程碑事件的计划进度目标；⑤总进度目标实现的条件和应采取的措施等。

［答案］ACDE

考点 4 建设工程项目进度计划系统

扫码听课

建设工程项目进度计划系统由多个相互关联的进度计划所组成，是项目进度控制的依据。项目进度计划系统按照不同的需求和不同的用途分为四大类，见表 3-1-1。

表 3-1-1　进度计划系统的分类

分类	内容	内部关系
不同深度	(1) 总进度规划（计划）； (2) 项目子系统进度规划（计划）； (3) 项目子系统中的单项工程进度计划等	联系与协调
不同功能	(1) 控制性进度规划（计划）； (2) 指导性进度规划（计划）（小型项目一般无）； (3) 实施性（操作性）进度计划等	联系与协调
不同参与方	(1) 业主方编制的整个项目实施的进度计划； (2) 设计进度计划； (3) 施工和设备安装进度计划； (4) 采购和供货进度计划等	联系与协调
不同周期	(1) 五年（或多年）建设进度计划； (2) 年度、季度、月度和旬计划	—

➢ **重点提示：**(1) 进度计划系统是逐步形成的，是进度控制的依据。

(2) 不同参与方各自编制不同的进度计划。

(3) 重点掌握不同深度、不同功能下进度计划的内容。

实战演练

[**经典例题·单选**] 关于建设工程项目进度计划系统的说法，正确的是(　　)。

A. 由多个相互独立的进度计划组成

B. 由项目各参与方共同参与编制

C. 其建立是逐步完善的过程

D. 一个特定项目的进度计划系统是唯一的

[**解析**] 选项A错误，建设工程项目进度计划系统由多个相互关联的进度计划所组成，是项目进度控制的依据。选项B、D错误，不同参与方各自编制不同的进度计划，进度计划不是唯一的。

[**答案**] C

[**经典例题·多选**] 按计划的功能划分，建设工程项目施工进度计划分为(　　)。

A. 控制性进度计划

B. 指示性进度计划

C. 指导性进度计划

D. 总结性进度计划

E. 实施性进度计划

[**解析**] 按功能划分，项目施工进度计划分为控制性进度规划（计划）、指导性进度规划（计划）和实施性（操作性）进度计划等。

[**答案**] ACE

[**经典例题·多选**] 关于建设工程项目进度计划系统的说法，正确的有(　　)。

A. 项目进度计划系统是项目进度控制的依据

B. 项目进度计划系统在项目实施前应建立并完善

C. 项目各参与方可以编制多个不同的进度计划系统

D. 项目进度计划系统中各计划应注意联系与协调

E. 项目进度计划系统可以由多个不同周期的进度计划完成

[**解析**] 选项B错误，编制项目进度计划所需资料的收集与分析是在项目进展中完成的，因此项目进度计划系统是逐步形成的，也是逐步完善的。

[**答案**] ACDE

考点5 施工进度计划的类型

施工进度计划主要分为企业层面的施工企业的施工生产计划和项目层面的建设工程项目施工进度计划，具体内容见表3-1-2。

表3-1-2　施工进度计划的类型

类型	施工企业的施工生产计划	建设工程项目施工进度计划
系统	以施工企业为系统	以建设工程项目为系统
范畴	企业计划的范畴	工程项目管理的范畴

续表

类型	施工企业的施工生产计划	建设工程项目施工进度计划
编制计划	编年、季、月、旬生产计划	(1) 总进度方案、总进度规划、总进度计划(小型项目); (2) 子项目施工进度计划、单体工程施工进度计划; (3) 编年、季、月施工计划,旬施工作业计划
二者的关系	紧密相关	

➤ **重点提示:** 区分两种施工进度计划的不同之处。

实战演练

[经典例题·单选] 施工企业的施工生产计划与建设工程项目施工进度计划的关系是(　　)。

A. 施工生产计划是项目施工进度计划的集合

B. 属于同一个计划系统,但范围不同

C. 属于两个不同系统的计划,但两者紧密相关

D. 属于两个不同系统的计划,两者之间没有关系

[解析] 施工企业的施工生产计划以施工企业为系统,建设工程项目施工进度计划以建设工程项目为系统,两者虽属两个不同系统的计划,但关系紧密。

[答案] C

[经典例题·单选] 在安排一个小型项目施工的进度时,只需编制(　　)。

A. 施工总进度方案　　B. 施工总进度规划

C. 施工总进度计划　　D. 施工总进度目标

[解析] 大型建设工程项目需要编制多个层次的进度计划,如整个项目施工总进度方案、施工总进度规划、施工总进度计划,而小型项目只需编制施工总进度计划。

[答案] C

考点 6 控制性施工进度计划的分类及其作用

控制性施工进度计划的分类及其作用相关内容如图 3-1-2 所示。

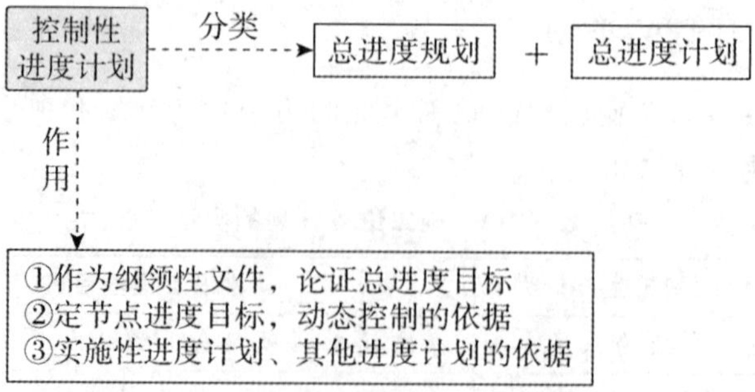

图 3-1-2　控制性施工进度计划的分类及其作用

➤ **重点提示:** 掌握控制性施工进度计划的分类和作用。

实战演练

[2016 真题·单选] 施工中可作为整个项目进度控制的纲领性文件，并且作为组织和指挥施工依据的是(　　)。

A. 施工承包合同　　B. 项目年度施工进度计划

C. 控制性施工进度计划　　D. 实施性施工进度计划

[解析] 控制性施工进度计划是整个项目施工进度控制的纲领性文件，是组织和指挥施工的依据。

[答案] C

[2020 真题·多选] 编制控制性施工进度计划的目的有(　　)。

A. 对施工进度目标进行再论证　　B. 确定施工的总体部署

C. 对进度目标进行分解　　D. 确定控制节点的进度目标

E. 确定施工机械的需求

[解析] 编制控制性施工进度计划的目的有：①对施工进度目标进行再论证；②对进度目标进行分解；③确定施工的总体部署；④确定控制节点的进度目标（里程碑事件的进度目标）；⑤作为进度控制的依据。

[答案] ABCD

考点 7　实施性施工进度计划的分类及其作用

实施性施工进度计划的分类及其作用的相关内容如图 3-1-3 所示。

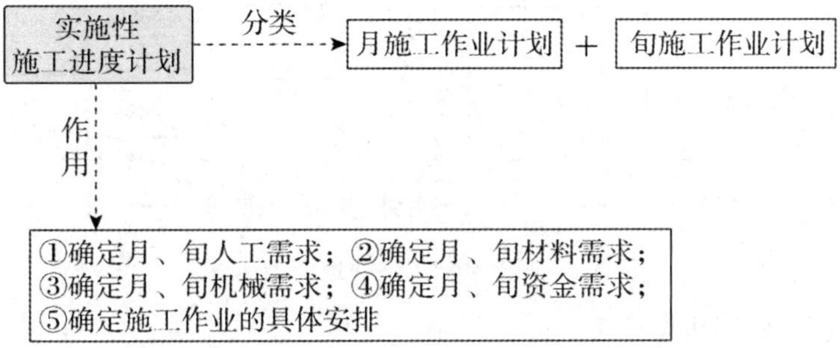

图 3-1-3　实施性施工进度计划的分类及其作用

➤ **重点提示：** 实施性施工进度计划的作用是确定月或旬人、材、机、资金的需求。

实战演练

[2020 真题·单选] 编制实施性施工进度计划的主要作用是（　　）。

A. 论证施工总进度目标

B. 确定施工作业的具体安排

C. 确定里程碑事件的进度目标

D. 分解施工总进度目标

[解析] 编制实施性施工进度计划的主要作用是确定施工作业的具体安排。

[答案] B

［经典例题·单选］下列进度计划中，可用于直接组织施工作业计划的是(　　)。

A. 施工企业的旬生产计划　　B. 建设工程项目施工的月度施工计划

C. 施工企业的月度生产计划　　D. 建设工程项目施工的季度施工计划

［解析］项目施工的月度施工计划和旬施工作业计划是用于直接组织施工作业的计划，是实施性施工进度计划。选项 A、C 属于施工企业生产计划，不属于项目施工作业计划。

［答案］B

第二节　流水施工进度计划

考点 1　流水施工的表达方式

流水施工的表达方式除网络图外，主要还有横道图和垂直图两种。

一、流水施工的横道图表示法

横道图表示法（图 3-2-1）的优点是：绘图简单，施工过程及其先后顺序表达清楚，时间和空间状况形象直观，使用方便，因而被广泛用来表达施工进度计划。

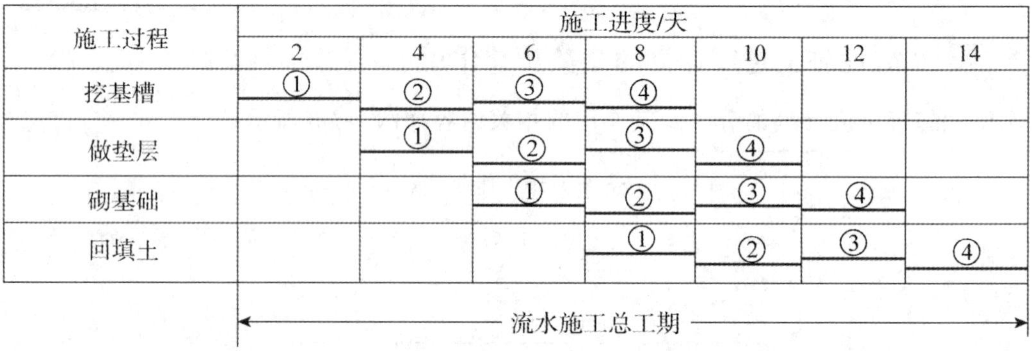

图 3-2-1　流水施工的横道图表示法

二、流水施工的垂直图表示法

垂直图表示法（图 3-2-2）的优点是：施工过程及其先后顺序表达清楚，时间和空间状况形象直观，斜向进度线的斜率可以直观地表示出各施工过程的进展速度。

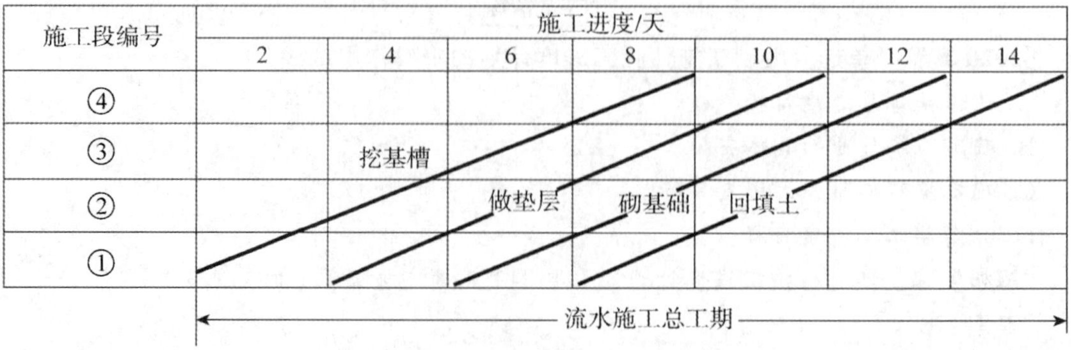

图 3-2-2　流水施工的垂直图表示法

➤ **重点提示**：该知识点为非重要考点，注意把握横道图和垂直图特点的区别。

实战演练

［**经典例题·单选**］横道图的横轴和纵轴分别表示（　　）。

A. 施工进度，施工过程　　B. 施工进度，施工段

C. 施工过程，施工段　　D. 工作面，施工段

［**解析**］横道图的横坐标表示流水施工的持续时间，即施工进度，纵坐标表示施工过程的名称或编号。n 条带有编号的水平线段表示 n 个施工过程或专业工作队的施工进度安排，其编号①②……表示不同的施工段。

［**答案**］A

考点 2 流水施工参数

流水施工参数的具体内容如图 3-2-3 所示。

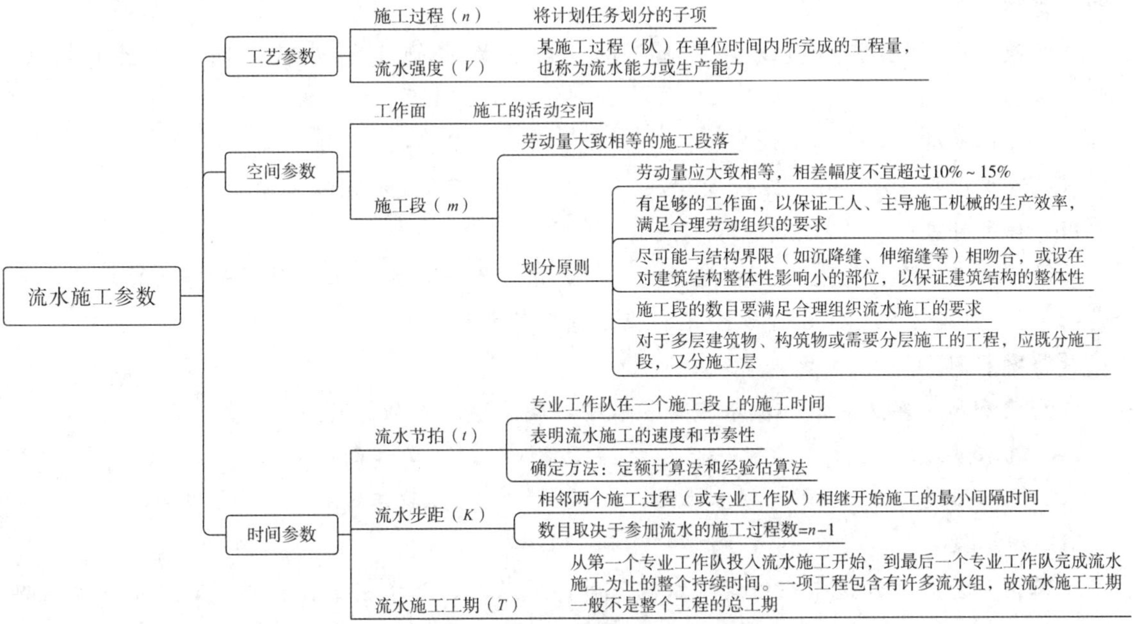

图 3-2-3　流水施工参数

实战演练

［**经典例题·单选**］专业工作队在各个施工段上的劳动量要大致相等，其相差幅度不宜超过（　　）。

A. 5%　　B. 10%～15%

C. 15%～20%　　D. 20%～25%

［**解析**］同一专业工作队在各个施工段上的劳动量应大致相等，相差幅度不宜超过10%～15%。

［**答案**］B

［**经典例题·单选**］建设工程组织流水施工时，用来表达流水施工在施工工艺方面进展状态的参数是（　　）。

A. 流水强度和施工过程　　B. 流水节拍和施工段

C. 工作面和施工过程　　D. 流水步距和施工段

［**解析**］工艺参数主要是指在组织流水施工时，用以表达流水施工在施工工艺方面进展状态的参数，通常包括施工过程和流水强度两个参数。

［**答案**］A

［**经典例题·单选**］下列流水施工参数中，属于时间参数的是（　　）。

A. 施工过程和流水步距　　B. 流水步距和流水节拍

C. 施工段和流水强度　　D. 流水强度和工作面

［**解析**］本题考查的是流水施工参数。时间参数是指在组织流水施工时，用以表达流水施工在时间安排上所处状态的参数，主要包括流水节拍、流水步距和流水施工工期等。

［**答案**］B

［**经典例题·多选**］组织流水施工时，表达流水施工所处状态时间安排的参数有（　　）。

A. 流水强度　　B. 流水节拍

C. 流水步距　　D. 流水施工工期

E. 自由时差

［**解析**］时间参数是指在组织流水施工时，用以表达流水施工在时间安排上所处状态的参数，主要包括流水节拍、流水步距和流水施工工期等。

［**答案**］BCD

［**经典例题·多选**］下列流水施工参数中，属于空间参数的有（　　）。

A. 流水步距　　B. 工作面

C. 流水强度　　D. 施工过程

E. 施工段

［**解析**］空间参数是指在组织流水施工时，用以表达流水施工在空间布置上开展状态的参数。通常包括工作面和施工段。

［**答案**］BE

［**经典例题·多选**］建设工程组织流水施工时，确定流水节拍的方法有（　　）。

A. 定额计算法　　B. 经验估计法

C. 价值工程法　　D. ABC 分析法

E. 风险概率法

［**解析**］本题考查的是流水施工参数。流水节拍可分别按下列方法确定：①定额计算法；②经验估算法。

［**答案**］AB

［**经典例题·多选**］组织建设工程流水施工时，划分施工段的原则有（　　）。

A. 同一专业工作队在各个施工段上的劳动量应大致相等

B. 施工段的数量应尽可能多

C. 每个施工段内要有足够的工作面

D. 施工段的界限应尽可能与结构界限相吻合

E. 多层建筑物应既分施工段又分施工层

［**解析**］本题考查的是流水施工参数。为使施工段划分得合理，一般应遵循下列原则：①同一专业工作队在各个施工段上的劳动量应大致相等，相差幅度不宜超过10%～15%。②每个施工段内要有足够的工作面，以保证相应数量的工人、主导施工机械的生产效率，满足合理劳动组织的要求。③施工段的界限应尽可能与结构界限（如沉降缝、伸缩缝等）相吻合，或设在对建筑结构整体性影响小的部位，以保证建筑结构的整体性。④施工段的数目要满足合理组织流水施工的要求。施工段数目过多，会降低施工速度，延长工期；施工段过少，不利于充分利用工作面，可能造成窝工。⑤对于多层建筑物、构筑物或需要分层施工的工程，应既分施工段，又分施工层，各专业工作队依次完成第一施工层中各施工段任务后，再转入第二施工层的施工段上作业，依次类推。以确保相应专业队在施工段与施工层之间组织连续、均衡、有节奏的流水施工。

［**答案**］ACDE

考点 3　流水施工的基本组织方式

流水施工的基本组织方式见表 3-2-1。

表 3-2-1　流水施工的基本组织方式

组织方式			流水节拍		相邻施工过程之间流水步距	施工过程数和专业队数	各施工段间空闲时间	工期计算
			各施工段上	不同施工过程之间				
有节奏流水施工	等节奏（全等）		相等		相等	相等	无空闲时间	$T=(m+n-1)t+\Sigma Z+\Sigma G-\Sigma C$
	异节奏流水施工	异步距异节奏	相等	不尽相等	不尽相等	相等	可能有空闲时间	—
		等步距异节奏（成倍）	相等	不等，但呈倍数关系	相等且等于流水节拍最大公约数	专业工作队数大于施工过程数	无空闲时间	$T=(m+n'-1)K+\Sigma G+\Sigma Z-\Sigma C$
非节奏流水施工（最常见）			不全相等		不尽相等	相等	施工段上：连续作业 施工段间：可能有空闲	$T=\Sigma K+\Sigma t+\Sigma Z+\Sigma G-\Sigma C$ 大差法求流水步距：累加数列，错位相减，取大差

实战演练

[**经典例题·单选**] 某固定节拍流水施工，施工过程数目 $n=3$、施工段数目 $m=4$、流水节拍 $t=2$，施工过程①和施工过程②之间组织间歇 1 天，该流水施工总工期为（　　）天。

A. 10　　B. 11　　C. 12　　D. 13

[**解析**] 固定节拍流水施工工期 $T=(m+n-1)t+\sum G+\sum Z=(3+4-1)\times 2+1=13$（天）。

[**答案**] D

[**经典例题·单选**] 某工程施工参数见表 3-2-2，则钢筋绑扎与混凝土浇筑之间的流水步距为（　　）。

表 3-2-2　施工参数

	模板	钢筋绑扎	混凝土浇筑
第一区	5	4	2
第二区	4	5	3
第三区	4	6	2

A. 2　　B. 5　　C. 8　　D. 10

[**解析**]（1）求各施工过程流水节拍的累加数：

钢筋绑扎：4，9，15

混凝土浇筑：2，5，7

（2）错位相减求得差数列：

$$\begin{array}{rrrrl} \text{钢筋绑扎与混凝土浇筑：} & 4, & 9, & 15 & \\ -) & & 2, & 5, & 7 \\ \hline & 4, & 7, & 10, & -7 \end{array}$$

（3）在差数列中取最大值求得流水步距：

施工过程钢筋绑扎与混凝土浇筑之间的流水步距：$K=\max[4,7,10,-7]=10$（天）。

[**答案**] D

[**经典例题·单选**] 某分部工程流水施工计划见图 3-2-4，该流水施工的组织形式是（　　）。

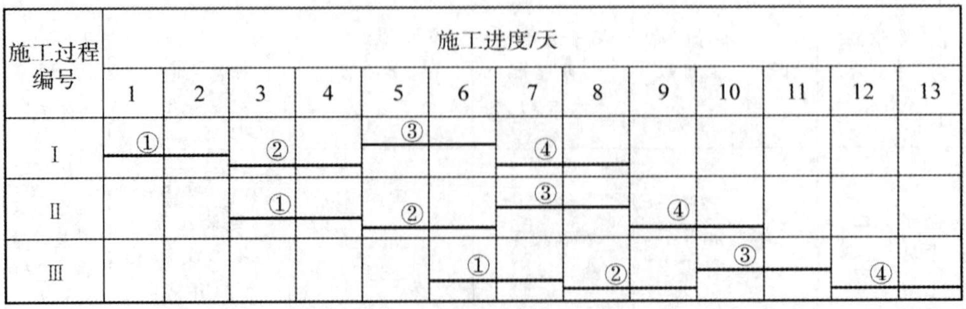

图 3-2-4　某分部工程流水施工计划

A. 异步距异节奏流水施工　　B. 等步距异节奏流水施工

C. 有提前插入时间的固定节拍流水施工　　D. 有间歇时间的固定节拍流水施工

[**解析**] 本题考查的是流水施工的基本组织方式。由图可以看出，各个施工过程的流水节拍都是2天，流水步距等于流水节拍。施工过程Ⅲ和Ⅱ之间有间歇1天的时间。因此为有间歇的固定节拍流水施工。

[**答案**] D

[**经典例题·单选**] 某工程有3个施工过程，分为3个施工段组织流水施工。3个施工过程的流水节拍依次为3、3、4天，5、2、1天和4、1、5天，则流水施工工期为（　　）天。

A. 6　　B. 17　　C. 18　　D. 19

[**解析**]（1）求各施工过程流水节拍的累加数列：

施工过程Ⅰ：3，6，10

施工过程Ⅱ：5，7，8

施工过程Ⅲ：4，5，10

（2）错位相减求得差数列：

Ⅰ与Ⅱ：	3，	6，	10	
—)		5，	7，	8
	3，	1，	3，	−8
Ⅱ与Ⅲ：	5，	7，	8	
—)		4，	5，	10
	5，	3，	3，	−10

（3）在差数列中取最大值求得流水步距：

施工过程Ⅰ与Ⅱ之间的流水步距：$K_{1,2=}$3（天）。

施工过程Ⅱ与Ⅲ之间的流水步距：$K_{2,3=}$5（天）。

流水施工工期可按公式计算：

$T=\Sigma K+\Sigma t_n+\Sigma Z+\Sigma G-\Sigma C=3+5+10=18$（天）。

[**答案**] C

[**经典例题·单选**] 工程项目组织非节奏流水施工的特点是（　　）。

A. 相邻施工过程的流水步距相等　　B. 各施工段上的流水节拍相等

C. 施工段之间没有空闲时间　　D. 专业工作队数等于施工过程数

[**解析**] 本题考查的是流水施工的基本组织方式。非节奏流水施工的特点包括：①各施工过程在各施工段的流水节拍不全相等；②相邻施工过程的流水步距不尽相等；③专业工作队数等于施工过程数；④各专业工作队能够在施工段上连续作业，但有的施工段之间可能有空闲时间。

[**答案**] D

[**经典例题·单选**] 某工程划分为 3 个施工过程、4 个施工段组织固定节拍流水施工，流水节拍为 5 天，累积间歇时间为 2 天，累计提前插入时间为 3 天，该工程流水施工工期为(　　)天。

A. 29　　B. 30　　C. 34　　D. 35

[**解析**] 本题考查的是流水施工的基本组织方式。$T=(m+n-1)t+\sum G+\sum Z-\sum C=(4+3-1)\times 5+2-3=29$（天）。

[**答案**] A

[**经典例题·多选**] 建设工程组织加快的成倍节拍流水施工的特点有（　　）。

A. 同一施工过程的各施工段上的流水节拍成倍数关系

B. 相邻施工过程的流水步距相等

C. 专业工作队数等于施工过程数

D. 各专业工作队在施工段上可连续作业

E. 施工段之间可能有空闲时间

[**解析**] 本题考查的是流水施工的基本组织方式。成倍节拍流水施工的特点如下：①同一施工过程在其各个施工段上的流水节拍均相等；不同施工过程的流水节拍不等，但其值为倍数关系。②相邻施工过程的流水步距相等，且等于流水节拍的最大公约数（K）。③专业工作队数大于施工过程数，即有的施工过程只成立一个专业工作队，而对于流水节拍大的施工过程，可按其倍数增加相应专业工作队数目。④各个专业工作队在施工段上能够连续作业，施工段之间没有空闲时间。

[**答案**] BD

第三节　工程网络计划技术

建设工程项目施工之前必须先编制施工组织设计。下文要讲的施工进度计划属于施工组织设计的一部分，同样需要在开工前编制完成，然后在施工进度计划的指导下开展施工任务。施工进度计划的编制方法主要有两种，一种是编制网络计划图，另一种是编制横道图。

网络计划图主要包括四类，分别是双代号网络计划图、单代号网络计划图、双代号时标网络计划图和单代号搭接网络计划图。其中前两种大家必须熟练掌握，双代号时标网络计划图和单代号搭接网络计划图的相关内容考试不做要求。

扫码听课

考点 1　双代号网络计划图的编制和应用

双代号网络计划图中的工作由两个节点编号和一条箭线来表示，将涉及的工作按照逻辑关系编制成网络计划图即为双代号网络计划图，如图 3-3-1 所示。

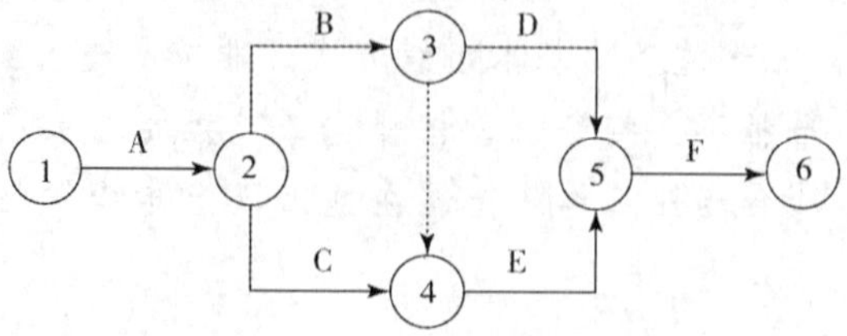

图 3-3-1　双代号网络计划图

一、基本要素介绍

（一）箭线

（1）实箭线。

实箭线代表实工作（图 3-3-2），既占用时间，又消耗资源（或只占时间，不消耗资源，如墙面抹灰后的干燥过程和混凝土浇筑后的养护过程）。

（2）虚箭线。

虚箭线代表虚工作（图 3-3-3），既不占用时间，又不消耗资源。

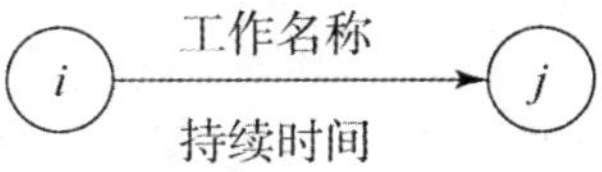

图 3-3-2　实工作

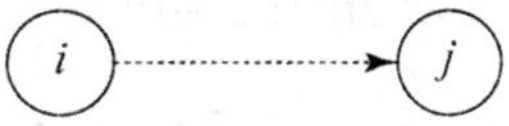

图 3-3-3　虚工作

虚箭线是实际工作中并不存在的一项虚设工作，虚箭线存在的目的是正确表达工作之间的逻辑关系，起着对工作之间进行联系、区分和断路的三个作用。

①虚箭线的联系作用如图 3-3-1 所示。

➢ **注意：**虚箭线使工作 B 和工作 E 产生了联系。

②虚箭线的区分作用如图 3-3-4 所示。

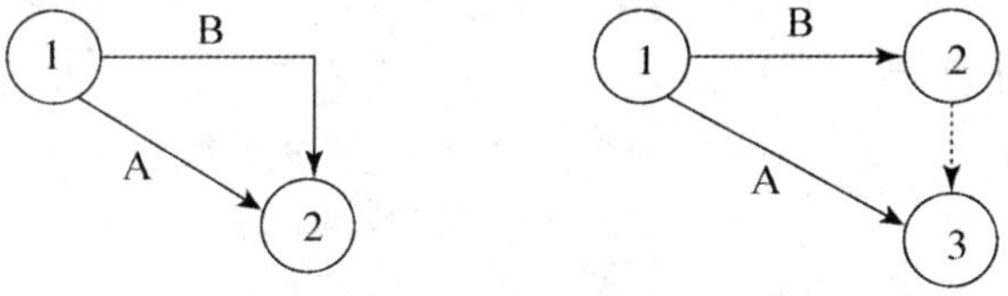

图 3-3-4　虚箭线的区分作用

➢ **注意：**虚箭线使工作 A 和工作 B 进行了区分。

③虚箭线的断路作用如图 3-3-5 所示。

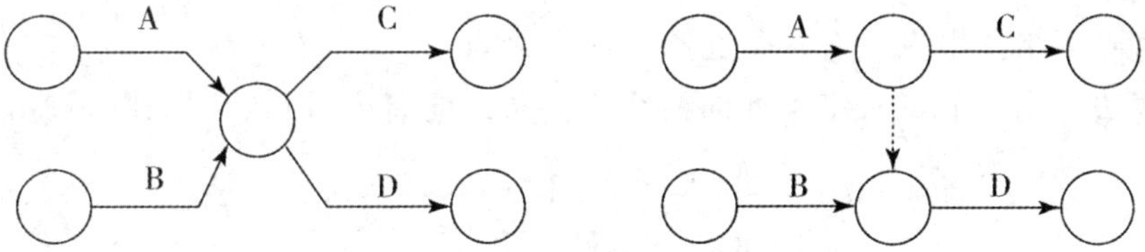

图 3-3-5　虚箭线的断路作用

➢ **注意：**虚箭线使工作 B 和工作 C 断开了联系。

（二）节点

节点是网络图中箭线之间的连接点，网络图中有三个类型的节点：起点节点（只能有一个）、中间节点（可以有很多个）、终点节点（只能有一个）。

一项工作应当只用唯一的一条箭线和相应的一对节点表示，节点的编号顺序应从小到大，可不连续，但不允许重复。

（三）线路

网络图中从起始节点到终点节点的通路称为线路。在各条线路中，有一条或几条线路上工作的持续时间之和最长，其能够直接影响总工期，在网络计划图中处于非常关键的地位的称为关键路线。而其他线路持续时间之和均小于关键线路，称为非关键线路。

(四) 逻辑关系

编制网络计划图时，必须正确反映工作之间的逻辑关系。逻辑关系主要有两种：

(1) 工艺关系（例如，施工现场混凝土柱制作的过程为“绑扎钢筋→支模板→浇筑混凝土”。这个过程不可逆转）。

(2) 组织关系（例如，某个房间有五扇窗户，这些窗户的安装顺序属于组织关系，这个过程顺序可以调整）。

二、双代号网络计划图的绘制规则

(1) 正确表达逻辑关系（组织关系、工艺关系）。

(2) 严禁出现循环回路（所谓循环回路如图 3-3-6 所示）。

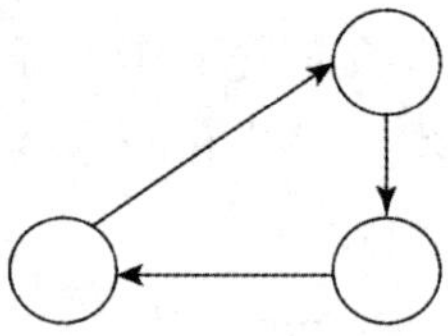

图 3-3-6 循环回路

(3) 严禁出现没有箭头节点、没有箭尾节点的箭线；严禁出现双向箭头或无箭头的连线，错误示范如图 3-3-7 所示。

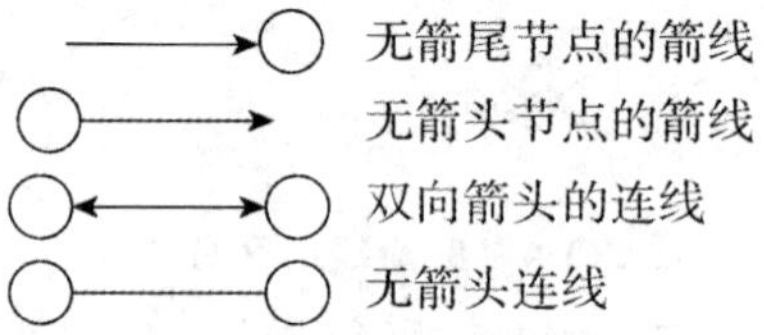

图 3-3-7 错误示范

(4) 节点编号由小到大，可不连续，但不能重复。

(5) 双代号网络图中应只有一个起点、一个终点。

(6) 母线法（当某节点有多条外向箭线或多条内向箭线时）绘图如图 3-3-8 所示。

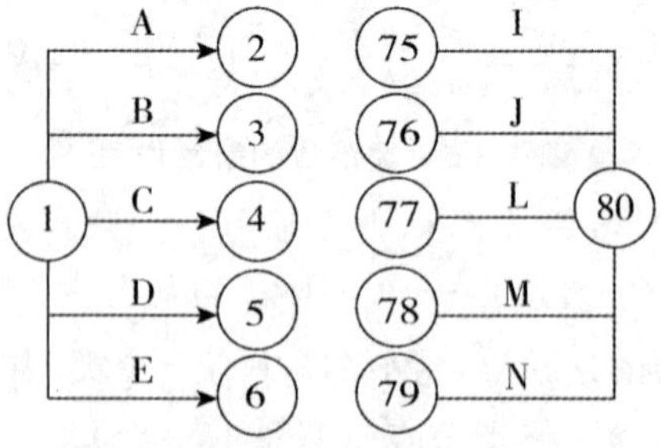

图 3-3-8 母线法绘图

(7) 箭线不宜交叉，当交叉不可避免时，可用过桥法、指向法或断线法，如图 3-3-9 所示。

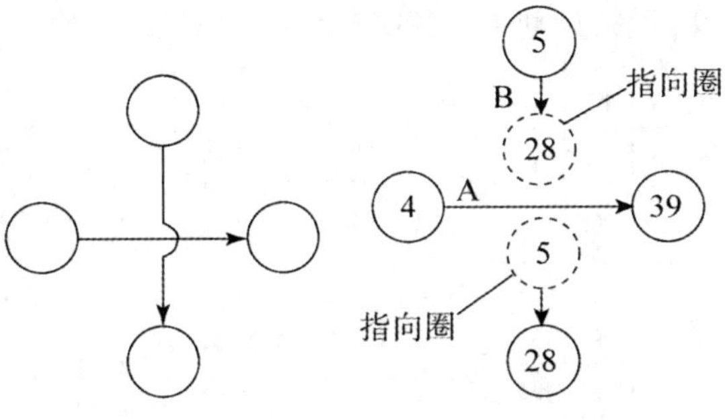

（a）过桥法　　（b）指向法　　（c）断线法

图 3-3-9　箭线交叉的表示方法

➤ **注意：** 箭线不宜交叉，而非不能交叉。

三、双代号网络计划图时间参数的计算

（1）工作持续时间：用 D_{i-j} 表示。

（2）工期：用 T 表示。

①计算工期，用 T_c 表示：根据网络计划时间参数计算出来的工期。

②要求工期，用 T_r 表示：业主所要求的工期。

③计划工期，用 T_p 表示：根据要求工期和计算工期所确定的作为实施目标的工期。

（3）网络计划中工作有六个时间参数，在网络计划图中标注的具体位置如图 3-3-10 所示。

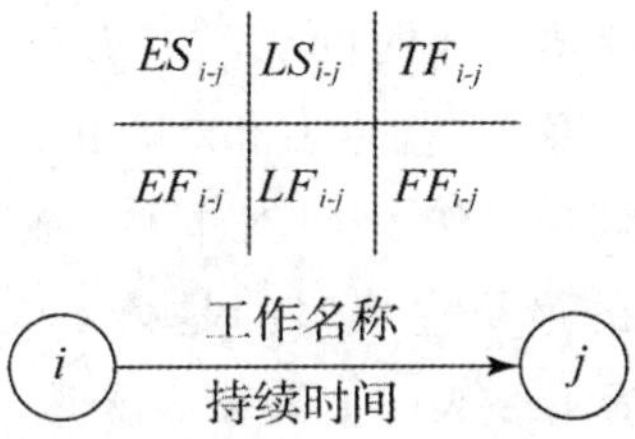

图 3-3-10　网络计划中工作的 6 个时间参数的位置

①若已知最早开始时间 ES_{i-j}，则最早完成时间 $EF_{i-j}=ES_{i-j}+D_{i-j}$。

②若已知最迟完成时间 LF_{i-j}，则最迟开始时间 $LS_{i-j}=LF_{i-j}-D_{i-j}$。

③总时差（TF_{i-j}）：在不影响总工期的前提下，工作 $i-j$ 可以利用的所有机动时间，$TF_{i-j}=LS_{i-j}-ES_{i-j}$ 或 $TF_{i-j}=LF_{i-j}-EF_{i-j}$（$j-k$ 是工作 $i-j$ 的紧后工作）。

④自由时差（FF_{i-j}）：在不影响其紧后工作最早开始的前提下，工作 $i-j$ 可以利用的机动时间，$FF_{i-j}=ES_{j-k}-EF_{i-j}$。

（4）双代号网络图计算方法——“六时标注法”。

“六时标注法”的计算原理：

①ES、EF：定头算尾、顺加取大，得 T_c。

②LS、LF：根据 T_p，定尾算头、逆减取小。

③TF：$LS-ES$；$LF-EF$。

④FF：本工作自由时差等于紧后工作的 ES（如有多个取最小）－本工作 EF。

根据“六时标注法”计算图 3-3-11 网络计划图中各项工作的六个时间参数（单位：天）。

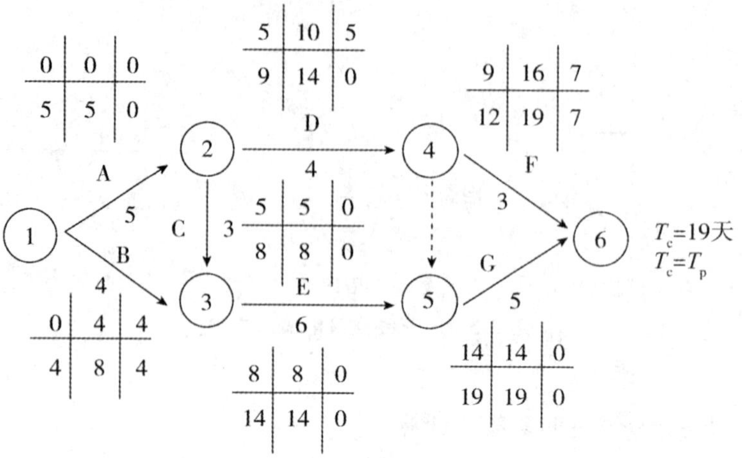

图 3-3-11　六时标注法计算实例

计算思路如下：

①计算各项工作的 ES 和 EF。

首先，规定工作 A 的最早开始时间为 0，则工作 A 的最早完成时间 $EF_A=ES_A+D_A=0+5=5$（天）。同理，工作 B 的最早开始时间也为 0，最早完成时间为第 4 天。接着计算工作 C 的最早开始时间，工作 C 要想开始，必须保证工作 C 的紧前工作都完成。由图可知，工作 C 的紧前工作只有工作 A，并且工作 A 的最早完成时间是第 5 天，所以工作 C 的最早开始时间为第 5 天，则工作 C 的最早完成时间 $EF_C=ES_C+D_C=5+3=8$（天）。同理，得工作 D 的最早开始时间为第 5 天，最早完成时间为第 9 天。接着计算工作 E 的最早开始时间。由图可知，工作 E 的紧前工作是工作 B 和工作 C，工作 E 要想开始，必须保证工作 E 的紧前工作都完成，其中工作 B 的最早完成时间是第 4 天，工作 C 的最早完成时间是第 8 天，所以工作 E 的最早开始时间为第 8 天（4 天和 8 天取大值）。按照这种方法计算出工作 F 的最早完成时间为第 12 天，工作 G 的最早完成时间为第 19 天，因此可以得到此网络计划图的计算工期 $T_c=19$ 天（12 天和 19 天取大值）。整个过程应用的原理为“定头算尾、顺加取大，得 T_c”，此时已经得到了各项工作的最早开始时间和最早完成时间。

②计算各项工作的 LS 和 LF。

当计算各项工作的最迟开始时间和最迟完成时间时，要根据 T_p 往前推算，需要注意的是，当题目中没有说明 T_c 和 T_p 的关系时，默认二者相等。首先，与终点节点相连的工作 F、G 的最迟完成时间均为第 19 天，则二者的最迟开始时间分别为第 16 天和第 14 天（$LS=LF-D$）。接着计算工作 D 的最迟完成时间，首先必须要清楚工作 D 的所有紧后工作最迟哪天开始。由图可知，工作 D 的紧后工作是工作 F 和 G，工作 F 的最迟开始时间为第 16 天，工作 G 的最迟开始时间为第 14 天，为了不影响工作 D 的任何一项紧后工作最迟开始，所以工作 D 的最迟开始时间是第 14 天（14 天和 16 天取小）。同理计算出工作 A、B、C、E 的最迟完成时间和最迟开始时间。整个过程应用的原理为“根据 T_p，定尾算头、逆减取小”。

③计算各项工作的总时差。

总时差指不影响总工期的前提之下，拥有的最大机动时间，根据公式 $TF=LS-ES$ 或 $LF-EF$，计算各项工作的总时差如图 3-3-11 所示。

④计算各项工作的自由时差。

自由时差指不影响紧后工作最早开始的前提之下，拥有的机动时间，所以 $FF_{i-j}=\min(ES_{j-k})-EF_{i-j}$，例如工作 D 的自由时差 $FF_{i-j}=\min(9, 14)-9=0$（天），同理计算其他工作的自由时差，如图 3-3-11 所示。

➢ **重点提示：**（1）理解掌握双代号网络图中各个要素的特点。

（2）掌握网络计划图中虚箭线的作用。

（3）掌握双代号网络图绘制规则，其中箭线不宜交叉，而非不能交叉。

（4）自由时差指的是不影响紧后工作最早开始时可利用的机动时间。

（5）总时差指的是不影响总工期时最多可以利用的机动时间。

实战演练

［2023 真题 · 单选］某工程网络计划中，工作 N 的最早开始时间为第 12 天，持续时间为 5 天。该工作有三项紧后工作，最早开始时间分别为第 20 天、第 21 天和第 23 天，则工作 N 的自由时差是（　　）天。

A. 4　　　　B. 1

C. 2　　　　D. 3

［解析］自由时差等于紧后工作的最早开始时间减去本工作的最早完成时间，则工作 N 的自由时差＝min｛20，21，23｝－（12＋5）＝20－17＝3（天）。

［答案］D

［2019 真题 · 单选］如图 3-3-12 所示网络图中，存在绘图错误的是（　　）。

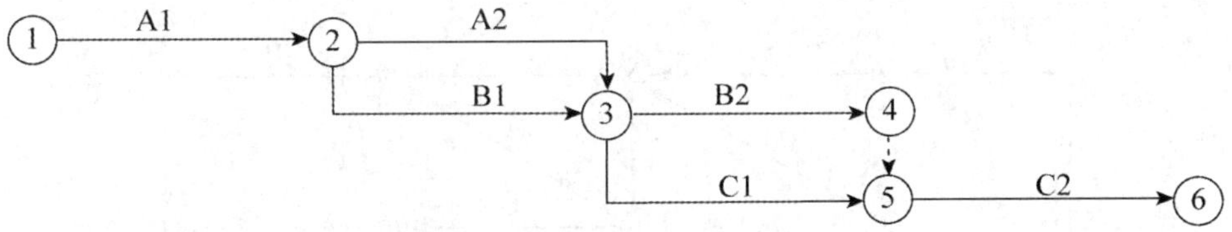

图 3-3-12　双代号网络计划图

A. 节点编号错误　　　　B. 工作编号重复

C. 存在多余节点　　　　D. 有多个终点节点

［解析］工作 A2 和 B1 共用同一对节点编号。

［答案］B

［2016 真题 · 单选］某网络计划中，已知工作 M 的持续时间为 6 天，总时差和自由时差分别为 3 天和 1 天；检查中发现该工作实际持续时间为 9 天，则其对工程的影响是（　　）。

A. 既不影响总工期，也不影响其紧后工作的正常进行

B. 不影响总工期，但使其紧后工作的最早开始时间推迟 2 天

C. 使其紧后工作的最迟开始时间推迟 3 天，并使总工期延长 1 天

D. 使其紧后工作的最早开始时间推迟 1 天，并使总工期延长 3 天

[解析] 工作 M 拖延了 3 天，因此总工期不受影响，但紧后工作的最早开始时间将推迟：3−1=2（天）。

[答案] B

[2016 真题·单选] 某网络计划中，工作 Q 有两项紧前工作 M、N，工作 M、N 的持续时间分别为 4 天、5 天，工作 M、N 的最早开始时间分别为第 9 天、第 11 天，则工作 Q 的最早开始时间是第（　　）天。

A. 9　　B. 14

C. 15　　D. 16

[解析] 工作 M 的最早完成时间＝最早开始时间＋持续时间＝9＋4＝13（天）；工作 N 的最早完成时间＝最早开始时间＋持续时间＝11＋5＝16（天）；工作 Q 的最早开始时间＝紧前工作最早完成时间的最大值，即 max（13，16）＝16（天）。

[答案] D

[2015 真题·多选] 在双代号网络图中，虚箭线的作用有（　　）。

A. 指向　　B. 联系

C. 区分　　D. 过桥

E. 断路

[解析] 虚箭线是实际工作中并不存在的一项虚设工作，其存在的目的是正确表达工作之间的逻辑关系，起着对工作之间进行联系、区分和断路的三个作用。

[答案] BCE

[经典例题·多选] 某分部工程双代号网络计划如图 3-3-13 所示，其存在的绘图错误有（　　）。

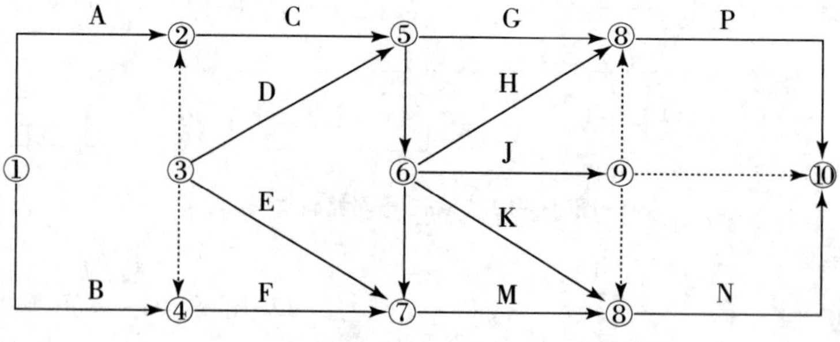

图 3-3-13　某分部工程双代号网络计划

A. 有多个终点节点　　B. 存在循环回路

C. 有多个起点节点　　D. 节点编号有误

E. 有多余虚工作

［解析］选项A，终点节点只有一个；选项B，不存在循环回路。选项C，起点节点有两个，节点1和3。选项D，节点8重复了两次，并且出现了大的数字节点指向小的数字节点的情况。选项E，节点9到节点10的虚箭线属于多余虚箭线。

［名师点拨］对于虚箭线是否多余的判断相对较难。做题时应从存在的虚箭线作用入手，虚箭线的作用是表达工作之间的逻辑关系。如果虚箭线的存在能够起到“联系、区分、断路”三个作用的其中之一时，就不是多余的。

［答案］CDE

四、双代号网络计划图关键工作、关键线路的确定

（一）关键工作的确定方法

（1）关键工作指的是网络计划中总时差最小的工作，如图3-3-11中的工作A、C、E、G。

（2）当计划工期等于计算工期时，总时差为零的工作就是关键工作。

➤ **注意：** 由关键节点（关键线路上的节点）组成的工作不一定是关键工作，如图3-3-11由关键节点1和3组成的工作B并不是关键工作。

（二）关键线路的确定方法

线路上总的工作持续时间最长的线路为关键线路，如图3-3-11中的线路A→C→E→G为关键线路。

自始至终全部由关键工作组成的线路不一定是关键线路，如图3-3-14所示，由关键工作A→B→C→D组成的线路就不是关键线路。

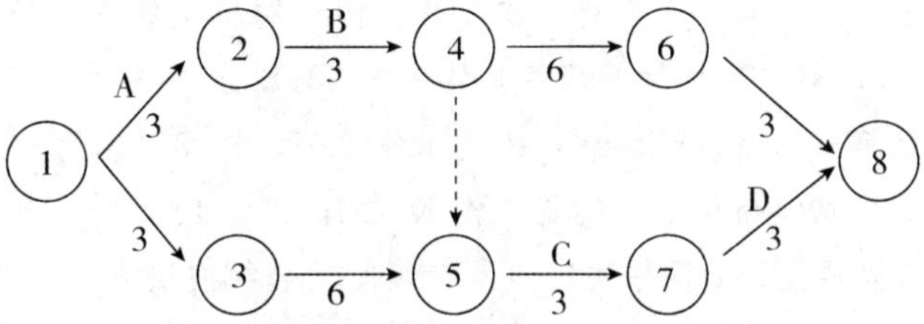

图3-3-14 网络计划图

➤ **注意：** 由关键节点（关键线路上的节点）组成的线路不一定是关键线路，如图3-3-11由关键节点1、3、5、6组成的线路并不是关键线路。

➤ **重点提示：**（1）关键工作的判断是总时差最小（但不一定为0），而不是自由时差最小。

（2）由关键节点组成的工作不一定是关键工作，由关键节点组成的线路不一定是关键线路。

实战演练

[经典例题·单选] 双代号网络计划如图 3-3-15 所示（时间单位：天），其关键路线有(　　)条。

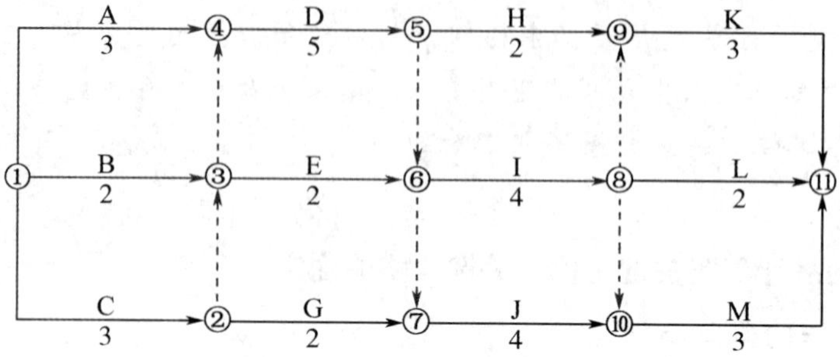

图 3-3-15　双代号网络计划

A. 4　　B. 5　　C. 6　　D. 7

[解析] 各线路中持续时间最长的线路为关键线路。关键路线有：①—④—⑤—⑥—⑧—⑨—⑪，工期为 3+5+4+3=15（天）；①—④—⑤—⑥—⑧—⑩—⑪，工期为 3+5+4+3=15（天）；①—④—⑤—⑥—⑦—⑩—⑪，工期为 3+5+4+3=15（天）；①—②—③—④—⑤—⑥—⑧—9—⑪，工期为 3+5+4+3=15（天）；①—②—③—④—⑤—⑥—⑧—⑩—⑪，工期为 3+5+4+3=15（天）；①—②—③—④—⑤—⑥—⑦—⑩—⑪，工期为 3+5+4+3=15（天）。

[名师点拨] 对于类似题目的图形，在找寻关键线路时很难通过“寻找持续时间之和最长”的方法一次性找全。若图形整齐，可以“列”为单位，分别找出每“列”持续时间最长的工作，观察这些持续时间最长的工作能否从头到尾连成线。例如题目中的第一列，持续时间最长的是工作 A、C，分别为 3 天；第二列持续时间最长的是工作 D，持续时间为 5 天，且工作 A、C 可以和 D 连到一起；然后第三列持续时间最长的是工作 I、J，持续时间为 4 天，同样工作 D 可以与 I、J 联系；最后一列，持续时间最长的是工作 K、M，工作 I、J 也能与 K、M 相连到终点节点。用这种方法计算类似网络计划图中关键线路持续时间会简便快捷，且正确率更高。

[答案] C

[2018 真题·多选] 某建设工程网络计划如图 3-3-16 所示（时间单位：月），该网络计划的关键线路有(　　)。

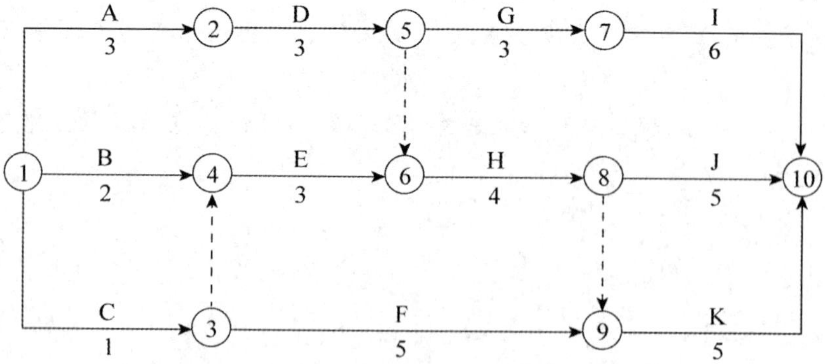

图 3-3-16　建设工程网络计划

A. ①—②—⑤—⑦—⑩　　B. ①—④—⑥—⑧—⑩

C. ①—②—⑤—⑥—⑧—⑩　　D. ①—②—⑤—⑥—⑧—⑨—⑩

E. ①—④—⑥—⑧—⑨—⑩

［解析］该网络计划关键线路有：①—②—⑤—⑦—⑩；①—②—⑤—⑥—⑧—⑩；①—②—⑤—⑥—⑧—⑨—⑩。工期为 15 个月。

［答案］ACD

五、双代号网络计划图的快算方法

以图 3-3-17 为例，介绍双代号网络图的快算方法。

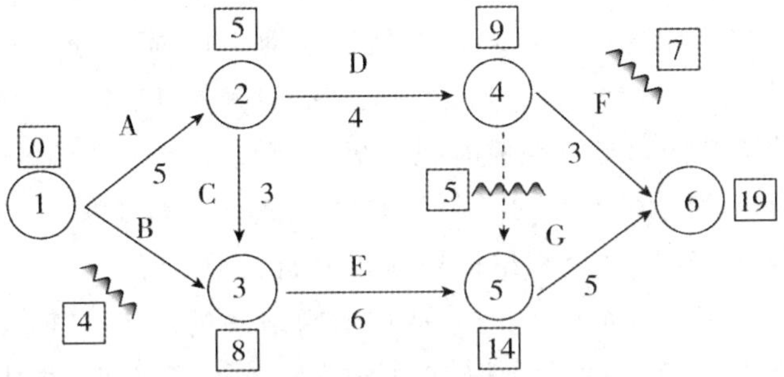

图 3-3-17　双代号网络计划图

计算方法：依次计算节点，累加时间取大定节点，减小定波线（波线表示自由时差）。

计算思路如下：

(1) 将普通的双代号网络计划图转变成双代号时标网络计划图。

图 3-3-17 中 1 节点为整个网络图的起点，最早开始时间为 0，对于工作 A 而言，最早开始时间是 0，持续 5 天，最早完成时间是第 5 天，所以 2 节点上面标 5；3 节点是 B、C 两项工作的终点，需要分别计算工作 B、C 的最早完成时间，对于工作 B 而言，最早开始时间是 0，持续 4 天，所以 B 工作最早完成时间是第 4 天；对于工作 C 而言，最早开始时间是第 5 天，持续时间为 3 天，所以工作 C 的最早完成时间是第 8 天。目前 3 节点有两个最早完成时间：第 4 天、第 8 天，根据计算方法“累加时间取大定节点，减小定波线”，因此取大值（第 8 天）放在 3 节点处，减小值（8－4＝4）定在 B 工作处 4 天波线（自由时差）。

解释：3 节点既是工作 B、C 的终点，又是工作 E 的起点，工作 E 想开始必须保证所有紧前工作 B、C 都完成，工作 B 最早第 4 天完成，工作 C 最早第 8 天完成，必须保证工作 B、C 都完成工作 E 才能开始，所以工作 E 的最早开始时间是第 8 天，因此选大值 8 定在 3 节点处，即“取大定节点”。工作 B 最早完成是第 4 天，在不影响紧后工作 E 最早第 8 天开始的前提下，B 拥有 4 天（8－4）机动时间，所以工作 B 的自由时差是 4 天，即“减小定波线”。

同理，工作 D 最早开始是第 5 天，持续时间 4 天，因此工作 D 最早完成时间是第 9 天，即 4 节点上面标 9。5 节点是工作 E 和虚工作④→⑤的终点，对于工作 E 而言，第 8 天最早开始，持续 6 天时间，最早完成时间为第 14 天，对于虚工作④→⑤，第 9 天开始，持续 0 天，最早完成时间为第 9 天。此时 5 节点处有两个最早完成时间，分别是第 14 天、第 9 天，根据计算方法“累加时间取大定节点，减小定波线”，因此取大值（第 14 天）放在 5 节点处，减小值（14－9＝5）定在虚工作④→⑤上 5 天波线。

解释：5 节点既是工作 E、虚工作④→⑤的终点，又是工作 G 的起点，工作 G 想开始必须保证紧前工作 E、虚工作④→⑤都完成。E 最早第 14 天完成，虚工作④→⑤最早第 9 天完成，必须保证工作 E、虚工作④→⑤都完成工作 G 才能开始，所以工作 G 的最早开始时间要选大值，因此选第 14 天定在 5 节点处，即“取大定节点”。虚工作④→⑤最早完成是第 9 天，在不影响紧后工作 G 最早第 14 天开始的前提下，虚工作④→⑤拥有 5 天（14－9＝5）机动时间，所以虚工作④→⑤的自由时差是 5 天，即“减小定波线”。

➤ **注意：** 虚工作④→⑤上面的 5 天波形线指的是：工作 D 最早第 9 天完成之后距离工作 G 最早第 14 天开始，间隔时间为 5 天。

6 节点是 F、G 两项工作的终点，同样也是整个网络计划图的终点。对于工作 F 而言，最早开始是第 9 天，持续时间为 3 天，所以最早完成时间是第 12 天；对于工作 G 而言，最早开始是第 14 天，持续 5 天，最早完成时间是第 19 天，根据计算方法“累加时间取大定节点，减小定波线”，所以取大值（第 19 天）放在 6 节点处，减小值（19－12＝7）定在工作 F 处 7 天波形线（自由时差）。整个网络计划图的工期是 19 天。

解释：6 节点是工作 F、G 的终点，也是整个网络图的终点，工作 F 第 12 天完成，工作 G 第 19 天完成，因此工期为 19 天，把 19 天定在 6 节点处，即“取大定节点”。工作 F 最早完成是第 12 天，在不影响工期的前提下，工作 F 拥有 7 天（19－12）机动时间，所以工作 F 的自由时差是 7 天，标注波形线 7 天，即“减小定波线”。

以上内容中，波形线大小即为该工作的自由时差，节点处的数字即为以该节点为开始节点工作的最早开始时间。

（2）用简便算法计算总时差。

计算某项工作总时差，从这项工作的起点开始，经过该工作，一直到终点节点，那么多条线路上，波形线最小的和即为该工作的总时差。

（3）计算各项工作最迟开始时间和最迟完成时间。

根据总时差和最早开始时间（最早完成时间），计算该工作的最迟开始时间（最迟完成时间），即 $LS=TF+ES$（$LF=TF+EF$）。

考点 2 单代号网络计划图的编制和应用

扫码听课

一、基本要素介绍

（一）节点

单代号网络计划图中的每一个节点表示一项工作，如图 3-3-18 所示。

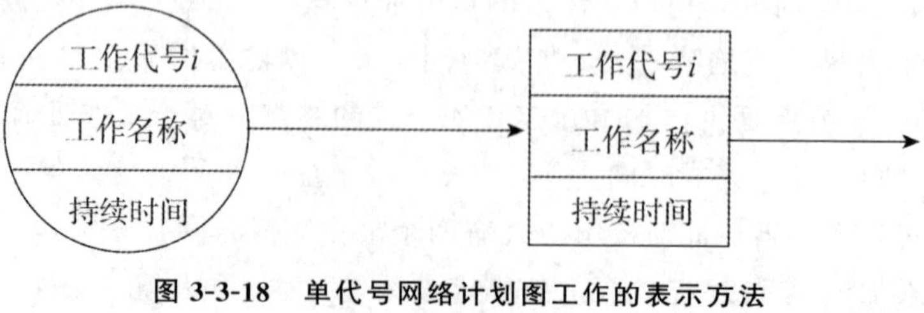

图 3-3-18 单代号网络计划图工作的表示方法

（二）箭线

（1）与双代号网络计划图不同的是，箭线仅表示紧邻工作之间的逻辑关系。

（2）箭线既不占用时间，也不消耗资源。

（3）无虚箭线（用虚节点表示虚工作）。

（三）线路

单代号网络计划图中，各条线路应用该线路上的节点编号从小到大依次表述。

二、单代号网络计划图的绘制规则

（1）不能出现虚箭线。

（2）不能出现循环回路。

（3）不能出现双向箭头、无箭头连线。

（4）不能出现无箭尾节点、无箭头节点的箭线。

（5）箭线不宜交叉，交叉不可避免时，可采用过桥法或指向法。

（6）只应有一个起点节点和终点节点。

（7）必须正确地表达逻辑关系。

当网络图中有多项起点节点或多项终点节点时，应在网络图的两端分别设置一项虚工作，作为该网络图的起点节点（*St*）和终点节点（*Fin*），如图 3-3-19 所示。

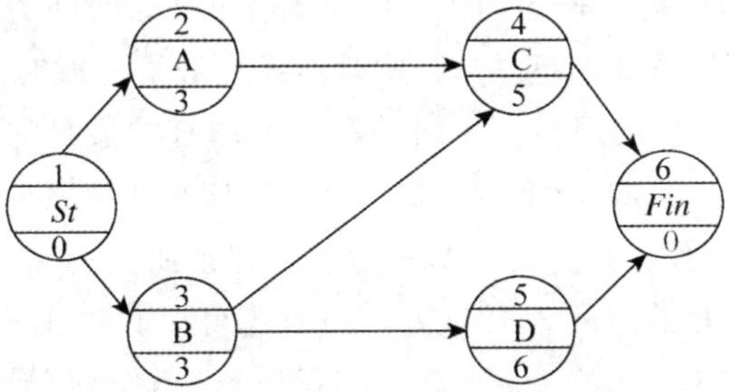

图 3-3-19　单代号网络计划图的起点和终点节点

三、单代号网络计划图时间参数的计算

单代号网络计划图时间参数的计算顺序和计算方法基本与双代号网络计划时间参数的计算相同，此处不再赘述。单代号网络计划图时间参数的标注形式如图 3-3-20 所示。

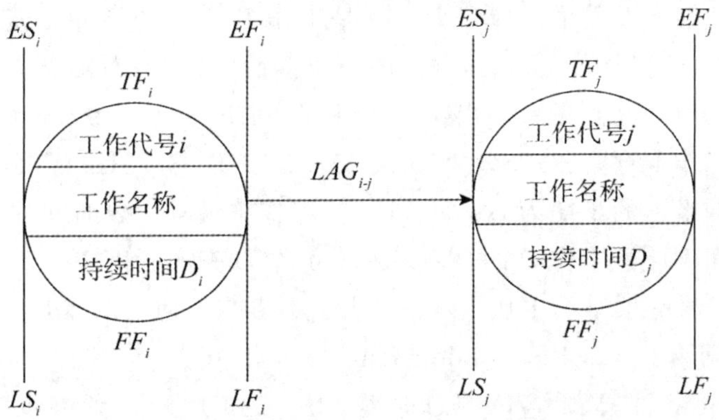

图 3-3-20　单代号网络计划图时间参数的标注形式

据上图可知，单代号网络计划图比双代号网络计划图多了一个时间间隔 LAG_{i-j}。相邻两项工作 i 和 j 之间的时间间隔 LAG_{i-j} 等于紧后工作 j 的最早开始时间 ES_j 和本工作的最早完成时间 EF_i 之差，即：$LAG_{i-j}=ES_j-EF_i$。根据时间间隔，又可推导出另外一种计算自由时差和总时差的方法，即：$FF_i=\min(LAG)$；$TF_i=\min(LAG_{i-j}+TF_j)$。

以图 3-3-21 为例（单位：天），计算工作 D 的自由时差、总时差。

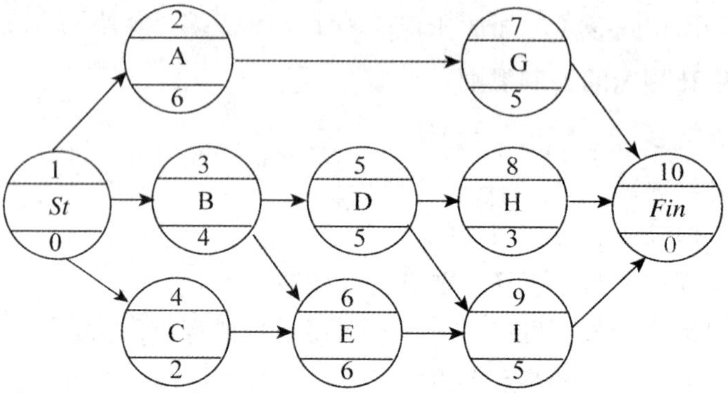

图 3-3-21　单代号网络计划图

想要计算工作 D 的时间参数，需要从头开始计算。

（1）1 节点是起始节点，持续时间为 0，则完成时间是 0；工作 A 的最早开始时间是 0，持续 6 天，则最早完成时间是第 6 天；同理工作 B 最早开始时间为 0，持续 4 天，最早完成时间为第 4 天；工作 C 最早开始时间为 0，持续 2 天，最早完成时间为第 2 天；工作 D 只有一个紧前工作 B，所以工作 D 的最早开始时间等于工作 B 的最早完成时间，是第 4 天，工作 D 持续 5 天，工作 D 的最早完成时间是第 9 天；工作 E 有两项紧前工作，一项是工作 B，第 4 天最早完成，另一项是工作 C，第 2 天最早完成，保证所有的紧前工作都完成工作 E 才能开始，所以工作 E 的最早开始时间为第 4 天，同时还可以算出工作 C 和工作 E 之间的时间间隔为 2 天［$LAG_{E-C}=ES_E-EF_C=4-2=2$（天）］，工作 E 持续时间为 6 天，所以工作 E 的最早完成时间为第 10 天；工作 G 只有一项紧前工作 A，工作 G 的最早开始时间是工作 A 的最早完成时间，是第 6 天，工作 G 持续 5 天，所以工作 G 的最早完成时间是第 11 天；工作 H 只有一项紧前工作 D，所以工作 H 的最早开始时间等于工作 D 的最早完成时间，是第 9 天，工作 H 持续时间为 3 天，则工作 H 最早完成时间是第 12 天；工作 I 有两项紧前工作，一项是工作 D，第 9 天最早完成，另一项是工作 E，第 10 天最早完成，保证所有的紧前工作都完成工作 I 才能开始，所以工作 I 的最早开始时间为第 10 天，同时还可以算出工作 I 和工作 D 之间的时间间隔 1 天［$LAG_{I-D}=ES_I-EF_D=10-9=1$（天）］，工作 I 的持续时间为 5 天，则工作 I 的最早完成时间为第 15 天，工作 G、H、I 与终点节点相连，终点是虚节点，则整个网络图的工期为 G、H、I 三项工作中最早完成时间的最大值 15 天。

（2）根据时间间隔计算工作 D 的自由时差。工作 D 完成后间隔 0 天工作 H 开始，工作 D 完成后间隔 1 天，另一项紧后工作 I 开始，为了不影响任何一项紧后工作最早开始，则工作 D 拥有的机动时间为 0，即 $FF_D=\min(LAG_{D-H}, LAG_{D-I})=\min(0, 1)=0$。

（3）根据时间间隔计算工作 D 的总时差。从工作 D 开始到终点节点有两条线，分别计算两条线上的时差，取小值即为工作 D 的总时差。其中工作 D 与工作 H 之间间隔 0，工作 D 与工作 I 之间间隔 1，然后再计算工作 H、工作 I 的总时差，工作 H 的总时差为 3 天［$LF_{H}-EF_{H}=15-12=3$（天）］，工作 I 的总时差为 0 天［$LF_{I}-EF_{I}=15-15=0$（天）］，则工作 D 的总时差为 1 天［$TF_{D}=\min(LAG_{D-H}+TF_{H},\ LAG_{D-I}+TF_{I})=\min(0+3,\ 1+0)=1$（天）］。

四、单代号网络计划图关键工作和关键线路的确定

（1）关键工作：总时差最小的工作是关键工作。

（2）关键线路：从起点节点开始到终点节点均为关键工作，且所有工作的时间间隔为零的线路为关键线路。

➢ **重点提示：**（1）箭线的箭尾节点编号必须小于箭头节点的编号。某项工作必须有唯一的一个节点及相应的一个编号。

（2）单代号网络计划图无虚箭线，但可以存在虚节点。

（3）单代号网络计划图绘图规则如同双代号网络计划图：箭线不宜交叉，而非不能交叉。

（4）单代号网络计划图六个时间参数的计算方法同双代号网络计划图。

（5）重点掌握根据时间间隔计算 *FF* 和 *TF* 的公式。

（6）单代号网络计划图关键线路的确定与双代号网络计划图不同，注意区分。

第三章

实战演练

［经典例题·单选］单代号网络计划如图 3-3-22 所示（时间单位：天），工作 D 的最迟开始时间是（　　）天。

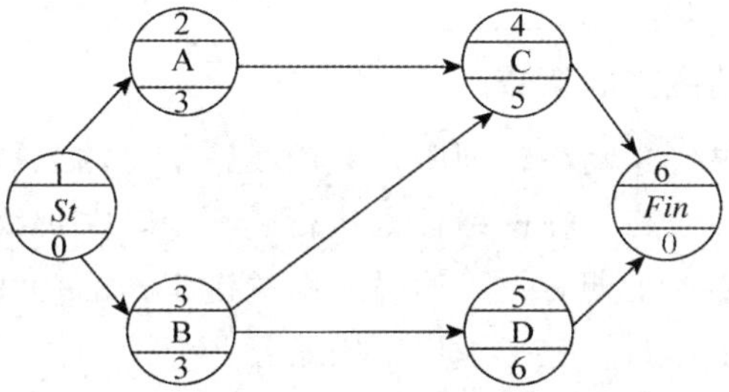

图 3-3-22　单代号网络计划图

A. 0　　B. 1　　C. 3　　D. 4

［解析］单代号网络计划的最迟开始时间＝本工作的最迟完成时间－本工作的持续时间＝9－6＝3（天）。

［答案］C

［经典例题·单选］某网络计划中，工作 A 的紧后工作是 B 和 C，工作 B 的最迟开始时间是第 14 天，最早开始时间是第 10 天；工作 C 的最迟完成时间是第 16 天，最早完成时间是第 14 天；工作 A 与工作 B 和工作 C 的间隔时间均为 5 天，工作 A 的总时差为（　　）天。

A. 3　　B. 7　　C. 8　　D. 10

［解析］根据公式 $TF_{i}=\min(LAG_{i-j}+TF_{j})$，计算出工作 A 的总时差为 7 天。

［答案］B

[**经典例题·多选**] 某分部工程的单代号网络计划如图 3-3-23 所示（时间单位：天），下列说法正确的有（　　）。

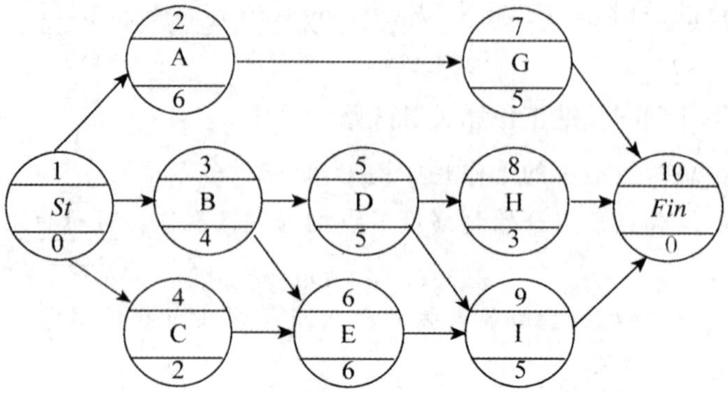

图 3-3-23　某分部工程单代号网络计划图

A. 有两条关键线路　　B. 计算工期为 15 天

C. 工作 G 的总时差和自由时差均为 4 天　　D. 工作 D 和 I 之间的时间间隔为 1 天

E. 工作 H 的自由时差为 2 天

[**解析**] 关键路线只有一条：B—E—I，计算工期为 4＋6＋5＝15（天）；工作 G 的总时差＝10－6＝4（天），工作 G 的自由时差＝15－11＝4（天）；工作 D 的最早完成时间是第 9 天，工作 I 的最早开始时间是第 10 天，有 1 天的时间间隔；工作 H 的自由时差＝15－12＝3（天）。

[**答案**] BCD

五、网络计划图中关键线路的调整

在双代号网络计划和单代号网络计划中，关键线路是总的工作持续时间最长的线路。一个网络计划可能有多条关键线路，在网络计划执行过程中，关键线路有可能转移。

当计算工期不能满足要求工期时，可通过压缩关键工作的持续时间以满足工期要求。在选择缩短持续时间的关键工作时，宜考虑以下因素：

（1）缩短持续时间对质量和安全影响不大的工作。

（2）有充足备用资源的工作。

（3）缩短持续时间所需增加的费用最少的工作等。

➤ **重点提示**：压缩关键工作时应考虑的是有充足备用资源的工作，而不是单位时间消耗资源少的工作。

实战演练

[**经典例题·多选**] 工程网络计划工期优化过程中，在选择缩短持续时间的关键工作时应考虑的因素有（　　）。

A. 持续时间最长的工作

B. 缩短持续时间对质量和安全影响不大的工作

C. 缩短持续时间所需增加的费用最少的工作

D. 缩短持续时间对综合效益影响不大的工作

E. 有充足备用资源的工作

[解析] 当计算工期不能满足要求工期时，可通过压缩关键工作的持续时间以满足工期要求，在选择缩短持续时间的关键工作时，宜考虑的因素包括：①缩短持续时间对质量和安全影响不大的工作；②有充足备用资源的工作；③缩短持续时间所需增加的费用最少的工作等。

[答案] BCE

考点 3 横道图进度计划的编制方法

横道图是以时间为横坐标，以各分项工程或施工工序为纵坐标，按一定的先后施工顺序和工艺流程，用带时间比例的水平横道线表示对应项目或工序持续时间的施工进度计划图表，其常用的格式如图 3-3-24 所示。左半部分（工程名称、施工方法、工程量）是以分部分项工程为主要内容的表格，包括了相应的工程量、定额和劳动量等计算依据；右半部分是指示图表［年（月）、起止时间］，它是由左面表格中的有关数据经计算得到的。指示图表用横向线条形象地表示出分部分项工程的施工进度，线的长短表示某工作施工持续时间；线的位置表示施工过程；线上的数字表示劳动力数量；线的不同符号表示作业队或施工段别，图中线段表示出各施工阶段的工期和总工期，并综合反映了各分部分项工程相互间的关系。

编号	工程名称	施工方法	工程量		20××年（月份）										起止时间	
			单位	数量	1	2	3	4	5	6	7	8	9	10	开工	结束
1	临时通信线路	人工为主	km	80	6										1月初	4月底
2	沥青混凝土基地	人工安装	处	1		35									2月初	3月底
3	清除路基	机械	m^2	700 000			4								1月初	4月底
4	路用房屋	人工	m^2	1 300				40							1月初	5月底
5	大桥	半机械化	座	1			56								3月初	9月底
6	中桥	半机械化	座	5					40						2月初	8月底
7	集中性土方	机械	m^2	130 000						20					3月初	8月底
8	小型构造物	半机械化	座	23					30						5月初	9月中
9	沿线土方	机械为主	m^2	89 000						36					4月初	7月底
10	基层	半机械化	m^2	560 000							30				6月初	9月底
11	面层	半机械化	m^2	560 000									20		9月中	10月底
12	整修工程	人工为主	km	80										30	10月初	10月底

$$k=\frac{R_{max}}{R_{平均}}=1.42$$

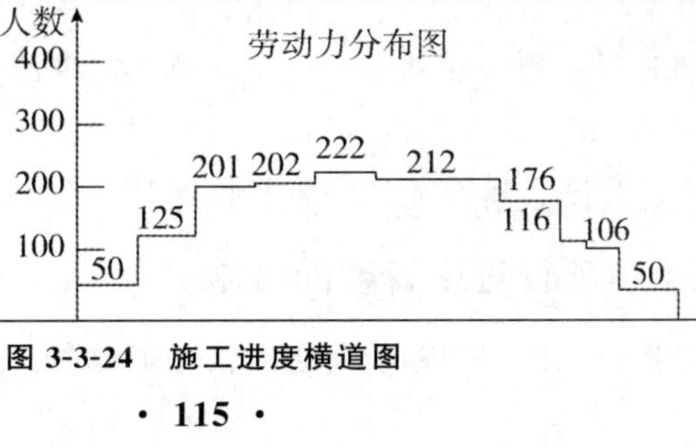

图 3-3-24　施工进度横道图

横道图是一种最简单并运用最广的传统计划方法。它可以将工作的简要说明放在横道上，用横道的长短代表工作的持续时间。由于需要手工绘制，所以适用于小型项目或大型项目的子项目，可用于计算资源需求量、概要预示进度。

这种表示方法比较简单、直观、易懂、容易编制，但也有以下缺点：

（1）分项工程（或工序）的相互关系不明确，不易表达清楚。

（2）施工地点无法表示，只能用文字说明。

（3）工程数量实际分布情况不具体。

（4）仅反映出平均施工强度。

（5）适用于手工编制计划。

（6）计划调整只能用手工方式进行，其工作量较大。

（7）不能确定计划的关键工作、关键路线与时差。

（8）难以适应大的进度计划系统。

实战演练

［经典例题·单选］关于横道图的说法，错误的是（　　）。

A. 横道图上所能表达的信息量较少，不能表示活动的重要性

B. 横道图不能确定计划的关键工作、关键路线与时差

C. 横道图适用于手工编制计划

D. 横道图能清楚地表达工序（工作）之间的逻辑关系

［解析］横道图这种表示方法比较简单、直观、易懂、容易编制，但也有以下缺点：①分项工程（或工序）的相互关系不明确，不易表达清楚；②施工地点无法表示，只能用文字说明；③工程数量实际分布情况不具体；④仅反映出平均施工强度；⑤适用于手工编制计划；⑥计划调整只能用手工方式进行，其工作量较大；⑦不能确定计划的关键工作、关键路线与时差；⑧难以适应大的进度计划系统。

［答案］D

第四节　施工进度控制

考点 1　建设工程项目进度控制的任务

（1）编制施工总进度计划并控制其执行，按期完成整个施工项目的任务。

（2）编制单位工程施工进度计划并控制其执行，按期完成单位工程的施工任务。

（3）编制分部分项工程施工进度计划，并控制其执行，按期完成分部分项工程的施工任务。

（4）编制季度、月度、旬作业计划，并控制其执行，完成规定的目标。

考点 2　建设工程项目进度管理的措施

为了实施进度管理，进度管理人员必须根据工程项目的具体情况，认真制订进度管理措

施，以确保进度管理目标的实现。进度管理的措施应包括组织措施、技术措施、经济措施及管理措施。

一、组织措施

组织措施主要包括：建立进度管理目标体系，明确工程项目现场组织机构中进度管理人员及其职责分工；建立工程进度报告制度及进度信息沟通网络；建立进度计划审核制度和进度计划实施中的检查分析制度；建立进度协调会议制度；建立施工图审查、工程变更和设计变更管理制度。

二、技术措施

技术措施主要包括：审查进度计划，以便能在合理的状态下施工；编制进度管理工作细则，指导进度管理人员实施进度控制；采用网络计划技术及其他科学、适用的计划方法，并结合计算机的应用，对工程项目进度实施动态控制。

三、经济措施

经济措施主要包括：及时办理工程预付款及工程进度款支付手续；对应急赶工给予优厚的赶工费用；对工期提前给予奖励；对工程延误收取误期损失赔偿金；加强索赔管理，公正地处理索赔。

四、管理措施

管理措施主要包括：推行 CM（Construction Management）承发包模式（简称 CM 模式），对工程项目实行分段设计、分段发包和分段施工；加强合同管理，协调合同工期与进度计划之间的关系，保证合同中进度目标的实现；严格控制合同变更，对各方提出的工程变更和设计变更应严格审查，后续再补入合同文件之中；加强风险管理，在合同中应充分考虑风险因素及其对进度的影响，以及相应的处理方法。

➢ **重点提示**：四大纠偏措施的内容务必掌握。

实战演练

[经典例题・单选] 下列施工方进度控制的措施中，属于组织措施的是（　　）。

A. 应用工程网络技术编制进度计划

B. 重视信息技术的应用

C. 优选施工方案

D. 编制进度控制工作流程

[解析] 选项 A、B 属于管理措施；选项 C 属于技术措施。

[答案] D

第四章

施工质量管理

名师导学

本章包括“施工质量影响因素及管理体系”“施工质量抽样检验和统计分析方法”“施工质量控制”“施工质量事故预防与调查处理”四节内容。本章内容与专业实务科目（建筑工程管理与实务、公路工程管理与实务、机电工程管理与实务、市政公用工程管理与实务、水利水电工程管理与实务）中的质量控制相关内容联系紧密，考试所占分值较高。在学习的过程中，建议先理解再记忆，可达到事半功倍的效果。

第一节　施工质量影响因素及管理体系

扫码听课

考点 1 施工质量的基本要求、影响因素及质量特性

施工质量的基本要求、影响因素及质量特性等相关知识如图 4-1-1 所示。

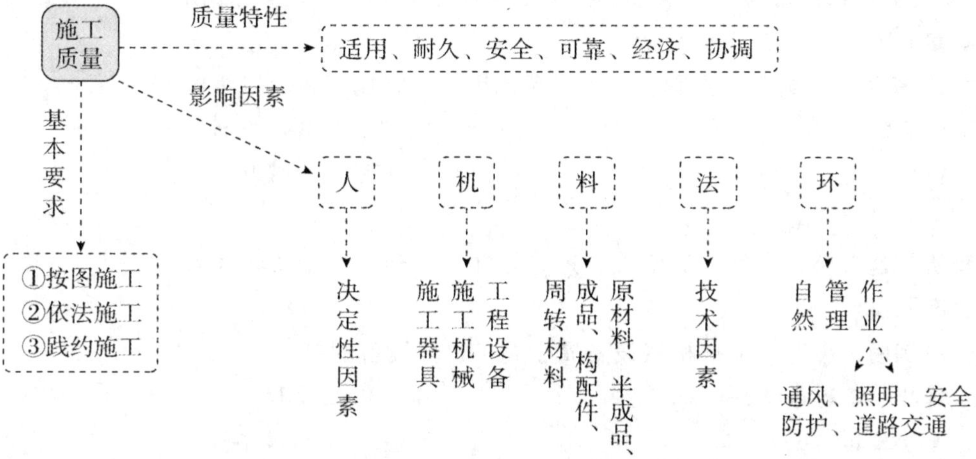

图 4-1-1　施工质量的基本要求、影响因素及质量特性

➤ **重点提示**：（1）施工质量的六大特性的顺口溜："施耐庵可劲写"。

（2）注意："合格"是对施工质量的最基本的要求。

实战演练

［2016 真题 · 单选］施工质量特性主要体现在由施工形成的建筑工程的（　　）。

A. 适用性、安全性、美观性、耐久性

B. 安全性、耐久性、美观性、可靠性

C. 适用性、安全性、耐久性、可靠性

D. 适用性、先进性、耐久性、可靠性

［解析］施工质量特性主要体现在由施工形成的建筑工程的适用性、安全性、耐久性、可靠性、经济性及与环境的协调性等六个方面。

［答案］C

［2016 真题 · 单选］影响施工质量的五大要素是指人、材料、机械及（　　）。

A. 方法与环境

B. 方法与设计方案

C. 投资额与合同工期

D. 投资额与环境

［解析］影响施工质量的主要因素有人员、机械、材料、方法及环境等五大方面。

[答案] A

[经典例题·单选] 在影响施工质量的五大因素中，建设主管部门推广的高性能混凝土技术，属于（　）的因素。

A. 环境　　B. 方法

C. 材料　　D. 机械

[解析] 地基基础和地下空间工程技术、高性能混凝土技术、高效钢筋和预应力技术、新型模板及脚手架应用技术、钢结构技术、建筑防水技术等均属于施工方法的因素。

[答案] B

[2017 真题·多选] 下列影响施工质量的因素中，属于材料因素的有（　）。

A. 计量器具　　B. 建筑构配件

C. 新型模板　　D. 工程设备

E. 安全防护设施

[解析] 选项 A、D 属于机械的因素；选项 E 属于施工作业环境因素。

[答案] BC

[经典例题·多选] 下列机械设备属于施工机械设备的有（　）。

A. 辅助配套的电梯、泵机　　B. 测量仪器

C. 计量器具　　D. 空调设备

E. 操作工具

[解析] 机械设备包括工程设备、施工机械和各类施工器具。其中，施工机械设备是指施工过程中使用的各类机具设备，包括运输设备、吊装设备、操作工具、测量仪器、计量器具以及施工安全设施等。选项 A、D 属于工程设备。

[答案] BCE

第四章

考点 2 施工质量管理和施工质量控制的内涵

施工质量管理和施工质量控制的内涵如图 4-1-2 所示。

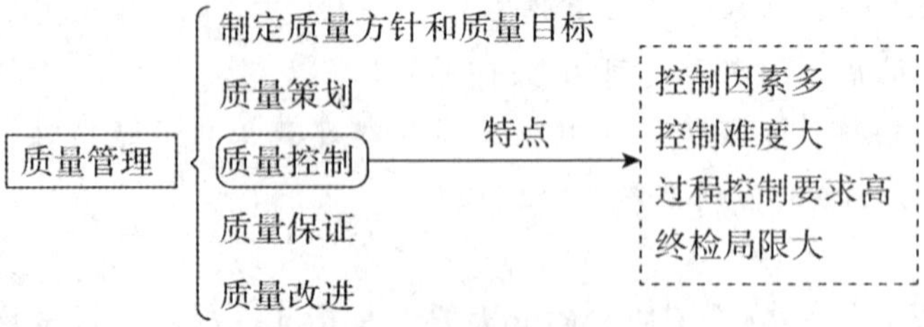

图 4-1-2　质量管理和质量控制

实战演练

[经典例题·单选] 质量管理就是确定和建立质量方针、质量目标及职责，并在质量管理体系中通过（　）等手段来实施和实现全部质量管理职能的所有活动。

A. 质量规划、质量控制、质量检查和质量改进

B. 质量策划、质量控制、质量保证和质量改进

C. 质量策划、控制实施、质量监督和质量审核

D. 质量规划、质量检查、质量审核和质量改进

［解析］质量管理就是确定和建立质量方针、质量目标及职责，并在质量管理体系中通过质量策划、质量控制、质量保证和质量改进等手段来实施和实现全部质量管理职能的所有活动。

［答案］B

［经典例题·单选］关于施工质量控制特点的说法，正确的是（　　）。

A. 施工质量受到多种因素影响，因此要保证质量合格很难完全做到

B. 施工生产不能进行标准化施工，因此各个工程质量有差异是难免的

C. 施工质量主要依靠对工程实体的终检来判断是否合格

D. 施工质量控制中，必须强调过程控制，及时做好检查、签证记录

［解析］选项 A 错误，虽然施工质量受多种因素影响，但是也必须保证质量合格。选项 B 错误，虽然施工生产不能进行标准化施工，但同一建设工程项目，不同分部分项工程的质量不能有差异，都必须要符合业主的要求。选项 C 错误，工程终检局限性大，所以不能靠终检来判断工程实体是否合格。选项 D 正确，施工质量控制中，过程控制要求高，因此要加强对施工过程的质量检查，发现问题及时整改，并及时做好检查、签证记录，以便用于证明施工质量。

［答案］D

考点 3　工程项目施工质量保证体系的建立和运行

扫码听课

项目施工质量保证体系的内容、运行等相关知识如图 4-1-3 所示。

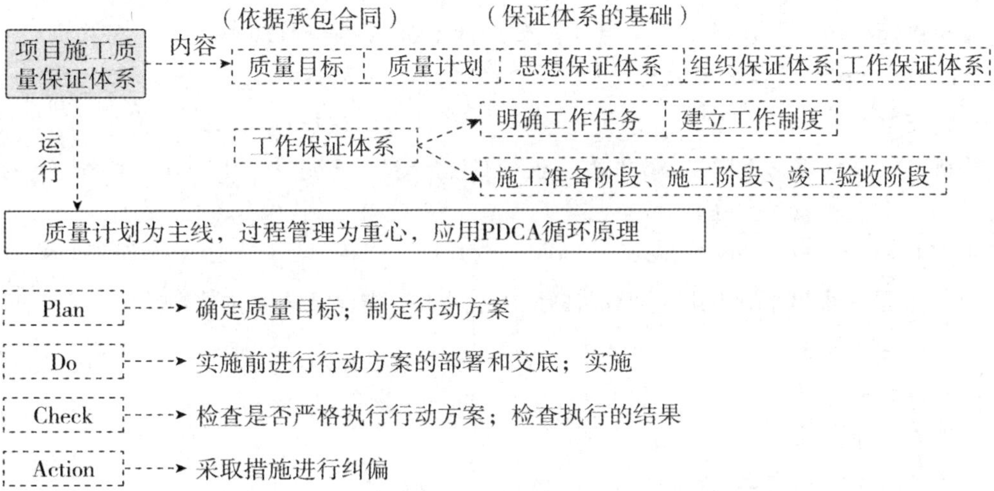

图 4-1-3　项目施工质量保证体系的内容及运行

➤ **重点提示：**（1）掌握质量保证体系的内容：项目施工质量目标，项目施工质量计划，思想、组织、工作保证体系。

（2）区分工作保证体系涉及的三个阶段。

（3）PDCA 循环原理的相关内容是建设工程施工管理的基本原理，每年必考，务必掌握。

实战演练

[经典例题·单选] 项目施工质量保证体系中，确定质量目标的基本依据是(　　)。

A. 质量方针　　B. 工程承包合同

C. 质量计划　　D. 设计文件

[解析] 项目施工质量保证体系必须有明确的质量目标，并符合项目质量总目标的要求；要以工程承包合同为基本依据，逐级分解目标以形成在合同环境下的各级质量目标。

[答案] B

[经典例题·单选] 施工质量保证体系的运行，应以(　　)为重心。

A. 过程管理　　B. 计划管理

C. 结果管理　　D. 成品保护

[解析] 施工质量保证体系的运行，应以质量计划为主线，以过程管理为重心，应用 PDCA 循环的原理，按照计划、实施、检查和处理的步骤展开。

[答案] A

[经典例题·单选] 施工质量保证体系的运行，应以(　　)为主线。

A. 质量纠偏　　B. 质量计划

C. 质量检查　　D. 质量处理

[解析] 施工质量保证体系的运行，应以质量计划为主线，以过程管理为重心，应用 PDCA 循环的原理，按照计划、实施、检查和处理的步骤展开。

[答案] B

[经典例题·单选] 建设工程项目质量管理的 PDCA 循环原理中，“C”是指(　　)。

A. 计划　　B. 实施

C. 检查　　D. 处理

[解析] 质量管理的 PDCA 循环原理包括四个步骤，即计划（Plan）、实施（Do）、检查（Check）和处理（Action）。

[答案] C

[2016 真题·多选] 施工质量保证体系中，属于工作保证体系内容的有(　　)。

A. 明确工作任务

B. 编制质量计划

C. 建立工作制度

D. 成立质量管理小组

E. 分解质量目标

[解析] 工作保证体系主要是明确工作任务和建立工作制度。

[答案] AC

[经典例题·多选] 建设工程项目施工质量保证体系的主要内容有（　　）。

A. 项目施工质量目标　　B. 项目施工质量计划

C. 项目施工质量记录　　D. 项目施工程序文件

E. 思想、组织、工作保证体系

[解析] 建设工程项目施工质量保证体系的主要内容有项目施工质量目标，项目施工质量计划，思想、组织、工作保证体系。

[答案] ABE

考点 4　施工企业质量管理体系的建立和认证

扫码听课

施工企业质量管理体系的原则、文件构成及认证等相关知识如图 4-1-4 所示。

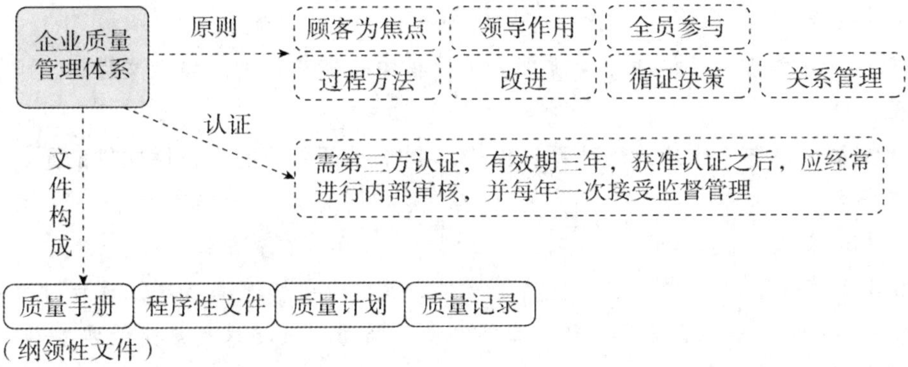

图 4-1-4　企业质量管理体系的原则、文件构成及认证

➤ **重点提示：**（1）质量管理的七项原则总结为“3 人 4 方法”。其中，“3 人”包括以顾客为关注焦点、领导作用、全员积极参与；“4 方法”包括过程方法、改进、循证决策、关系管理。

（2）掌握质量管理体系文件的构成。

（3）区分企业质量管理体系文件的内容与职业健康安全管理和环境管理体系文件的内容（具体见第六章第二节内容）。

（4）企业质量管理体系是本书中唯一需要得到第三方认证的管理体系。

实战演练

[2023 真题·单选] 施工企业质量管理体系获准认证后，为保持质量管理体系的有效性，认证机构对企业质量管理体系实施监督管理的频率是（　　）。

A. 每五年一次　　B. 每三年一次

C. 每年一次　　D. 每半年一次

[解析] 企业获准质量管理体系认证后，应经常性地进行内部审核，保持质量管理体系的有效性，并每年一次接受认证机构对企业质量管理体系实施的监督管理。

[答案] C

[2020 真题·单选] 企业质量管理体系文件应由（　　）等构成。

A. 质量目标、质量手册、质量计划和质量记录

B. 质量手册、程序文件、质量计划和质量记录

C. 质量方针、质量手册、程序文件和质量记录

D. 质量手册、质量计划、质量记录和质量评审

[解析] 质量管理体系的文件主要由质量手册、程序文件、质量计划和质量记录等构成。

[答案] B

[经典例题·单选] 下列质量管理体系文件中，属于实施和保持质量体系过程中长期遵循的纲领性文件的是（　　）。

A. 程序文件　　B. 质量计划

C. 质量记录　　D. 质量手册

[解析] 质量手册是实施和保持质量体系过程中长期遵循的纲领性文件。

[答案] D

[经典例题·单选] 质量管理体系文件中，属于质量手册的支持性文件的是（　　）。

A. 程序文件　　B. 质量计划

C. 质量记录　　D. 质量方针

[解析] 程序文件是质量手册的支持性文件，是企业落实质量管理工作而建立的各项管理标准、规章制度，是企业各职能部门为贯彻落实质量手册要求而规定的实施细则。

[答案] A

[经典例题·单选] 施工企业质量管理体系的认证方应为（　　）。

A. 企业最高领导者　　B. 第三方认证机构

C. 企业行政主管部门　　D. 行业管理部门

[解析] 企业质量管理体系的认证方为第三方认证机构，第三方认证机构应依据质量管理体系的要求标准，进行独立、客观、科学、公正的评价，得出结论。

[答案] B

第二节　施工质量抽样检验和统计分析方法

工程施工质量抽样检验和统计分析的目的：

(1) 判断工程施工质量是否合格。

(2) 及时发现施工过程的不稳定性，以便及时采取措施加以纠正，使施工过程处于稳定状态。

考点 1　施工质量抽样检验方法

一、抽样检验

为了获得 100% 的合格品，只有采用全数检验才有可能达到目的。但是，由于以下原

因，工程实践中必须采用抽样检验方式。

（1）破坏性检验，无法采取全数检验方式。

（2）全数检验有时会耗时长，在经济上也未必合算。

（3）采取全数检验方式，未必能绝对保证100%的合格品。

二、检验批

（1）检验批：提供检验的一批产品。

（2）稳定批：将产品整批存放在一起，即批中所有单位产品是同时提交检验的。（优先采用）

（3）流动批：检验批中的单位产品逐个从检验点通过，由检验人员直接进行检验。

（4）批量：一批产品所包含的产品总数称为批量，通常记作N。一般情况下，质量不太稳定的产品，以小批量为宜；质量很稳定的产品，批量可以取大些。但批量不能过大，批量过大，一旦误判，造成的损失也很大。

（5）批质量衡量方法：计数方法、计量方法。具体见表4-2-1。

表4-2-1　批质量衡量方法

方法	具体指标		
计数方法	计件	以批不合格品率为质量指标	批中不合格个数/批量×100%
	计点	以批中每百单位产品的平均不合格数为质量指标	批中不合格数/批量×100%（不合格数＝不合格品个数×不合格项数）
计量方法	以批中单位产品某个质量特性的平均值为质量指标		
	以批不合格品率为质量指标		
	以批中单位产品某个质量特性的标准差为质量指标等		

考点 2　随机抽样方法

随机抽样可分为简单随机抽样、系统随机抽样、分层随机抽样、分级随机抽样和整群随机抽样等，具体见表4-2-2。

表4-2-2　随机抽样方法

类型	方法	用途
简单随机抽样	排除人的主观因素，按以下方式逐个抽取样本单元的方法：第一样本单元从总体N个抽样单元中随机抽取；第二个样本单元从（$N-1$）个抽样单元中随机抽取……依此类推，直至抽取n个样本单元为止。抽样借助于随机数骰子或随机数表来进行	广泛用于原材料、构配件进货检验和分项工程、分部工程、单位工程完工后的检验
系统随机抽样	将总体中的抽样单元按某种次序排列，在规定范围内随机抽取一个或一组初始单元，然后按一套规则确定其他样本单元的抽样方法	主要用于工序质量检验

续表

类型	方法	用途
分层随机抽样	将总体分割成互不重叠的子总体（层），在每层中独立地按给定的样本量进行简单随机抽样	例如用于抽选不同班组生产的同一种产品
分级随机抽样	第一级抽样从总体中抽取初级抽样单元，以后每一级抽样是在上一级抽样单元中抽取次一级的抽样单元	一般用于总体很大的情况
整群随机抽样	将总体分成若干互不重叠的群，每个群由若干个体组成。总体中随机抽取若干个群，抽出的群中所有个体便组成样本	一般用于总体数量庞大、群内差异较小、群间差异较大的情况

考点 3 抽样检验分类

抽样检验可从不同角度划分为不同类型，具体见表 4-2-3。

表 4-2-3 抽样检验分类

依据	分类	要点
检验目的的不同	监督检验	除生产方、用户外，受委托的第三方机构或政府部门以法律法规为依据而实施的检验
	验收检验	通过检查判断产品是否合乎质量标准而进行的检验
产品质量特征不同	计数抽样检验	在抽样检验中只是利用计数检验结果，即样本中不合格品个数。优点：使用简便、运用范围广泛。缺点：所需要的样本量较大，样本信息利用不充分
	计量抽样检验	在抽样检验中只是利用计量检验结果，如样本均值或样本标准差等。优点：信息利用充分、需要的样本量较小。缺点：使用程序较繁琐，适用范围较窄
抽取样本次数不同	一次抽样检验	只需抽取样本一次，就可作出一批产品抽检合格与否的判断
	二次抽样检验	也称双次抽样检验，是指先抽第一样本（第一次抽样），若能做出抽检合格与否的判断，则检验工作终止，否则，再抽第二样本，然后作出判断
	多次抽样检验	每次抽取一批产品进行检验，若能按判断规则做出抽查合格与否的判断，则检验工作终止；否则，再进行下一次抽检，如此这般，直至能做出抽检合格与否的判断为止
抽样方案是否可调整	调整型抽样检验	根据产品质量变化情况，按照预先确定的规则适当地调整抽样方案。一般地，当批质量处于正常情况时，采用正常抽样方案；当批质量变坏时，改用加严抽样方案；当批质量显著变好时，允许使用放宽抽样方案
	非调整型抽样检验	一般不利用产品的质量历史，使用中也没有调整规则，适用于对孤立批产品的检验
是否可组成批	逐批检验	每一批都进行检验
	连续抽样检验	在重要工序设立固定检验点进行直接抽检（不能形成批）

考点 4 施工质量检验方法

施工质量检验可采用感观检验法、物理检验法、化学检验法和现场试验法等，具体见

表 4-2-4。

表 4-2-4　施工质量检验方法

类型		定义	备注
感观检验法		凭借感官检验，是施工质量检验的重要方法	简便易行，判断速度快
物理检验法	度量检测法	利用工具和设备通过检测材料、构件、工程等的长度、质量、体积、密度等来判定工程质量情况	工程实践中常用的度量检测工具和设备有钢尺、卡尺、塞尺、水平仪、经纬仪、激光测距仪、超声波探测仪、赫兹密度仪、K30 密实度检测车等
	电性能检测法	利用电工电子仪器和适当的测量方法来检测电器设备和材料性能的方法	常用的检测仪器有绝缘电阻摇表、接地电阻摇表、电流表、电压表和万用表。其中，万用表一般用来检测和校对电缆接线正确与否
	机械性能检测法	利用物理力学专用仪器对工程材料、构件等机械性能进行检测的方法	机械性能检测项目一般是指钢材的抗拉、抗弯、抗剪和焊接性能；混凝土的抗压、抗渗性；水泥砂浆的抗压性能；机砖的抗压、抗拉、抗剪性能等。取样后，送至有资质的工程质量检测机构进行检测
	无损检测法（图 4-2-1）	在不损坏被检物的前提下，对被检物内部或表面缺陷、性质、状态和结构进行检验的方法	射线探伤法、超声波探伤法等。常用来检测混凝土内部质量（如桩基）和钢材焊接质量
化学检验法		(1) 根据测定对象不同：无机分析、有机分析； (2) 根据试样用量不同：常量分析、半微量分析、微量分析和超微量分析； (3) 根据分析目的不同：定性分析、定量分析（包括常规化学分析、仪器分析两大类）	
现场试验法		常见的试验有：桩基的静载试验、小应变试验；给水工程、供暖工程中的压力试验；设备安装工程中的设备试运行；电器安装工程中的电器设备动作试验等	

- 无损检测方法
  - 缺陷检测
    - 内部
      - 射线探伤
      - 超声波探伤
    - 表层
      - 磁粉探伤
      - 渗透探伤
      - 电磁感应检测（涡流探伤）
  - 应变测试
    - 标距应变或某点处应变
      - 机械方法
      - 电方法
      - X射线应力测试法
    - 应力分布
      - 光弹性试验
      - 光弹性薄膜法
      - 应力涂料法
      - 莫尔法
      - 镀铜法

图 4-2-1　无损检测方法分类

考点 5 施工质量统计分析方法

一、具体方法

常用的施工质量统计分析方法：分层法、调查表法、因果分析图法、排列图法、相关图法、直方图法和控制图法等，具体见表 4-2-5。

表 4-2-5 常用的施工质量统计分析方法

方法	概念	方法	核心要点
分层法（分类法、分组法）	使各层间数据的差异突显出来，在此基础上进行层间、层内的比较分析，可以更深入地发现和认识质量问题及其产生原因	将调查收集的原始数据，根据不同的目的和要求，按某一性质进行分组整理，每组就称为一层	最基本的方法。其他方法需要与分层法配合使用，常常是首先利用分层法将原始数据分组后，再应用其他统计分析方法进行分析
调查表法（调查分析法、检查表法）	利用专门设计的统计表对工程质量数据进行收集和整理，并粗略地进行原因分析	表的形式繁多，也可根据数据收集的需要自行设计调查表	往往与分层法结合起来应用，可以更好、更快地找出问题的原因，以便采取改进措施
因果分析图法（质量特性因果图、鱼刺图或树枝图）	反映质量特性与质量缺陷产生原因之间关系的图形工具，可用来分析、追溯质量缺陷产生的最根本原因	在进行因果分析时，先将影响产品质量的主要特性作为“结果”，将影响质量特性的 4M1E 作为因素，然后连续追究“因素为什么发生波动?”从大原因中查出中原因、小原因，直至查出关键的具体因素，详细到便于采取针对性措施为止	发生质量缺陷的原因不外乎人、材料、机械、方法、环境（4M1E）等五大方面
排列图法（主次因素分析法、帕累托图法）	用来分析影响质量主次因素的有效方法	排列图由两个纵坐标、一个横坐标、若干个连起来的直方形和一条曲线组成，如图 4-2-2 所示。左侧纵坐标是频数或件数，右侧纵坐标是累计频率；横坐标表示影响质量的各个因素（或项目），按影响程度大小从左至右排列。直方图形的高度表示影响因素的影响大小，将其累计频率（百分数）点连成一条折线，即为帕累托曲线	(1) A 类因素（主要因素）：累计频率在 0～80%范围内的因素，需加强控制、重点管理； (2) B 类因素（次要因素）：累计频率在 80%～90%范围内的因素，按常规管理； (3) C 类因素（一般因素）：累计频率在 90%～100%范围内的因素，放宽管理
相关图法（散布图）	用来观察分析两种质量数据之间相关关系的图形方法。	从生产过程中随机收集两种相关变量的对应数据（一般不少于 30 个），然后将这些数据点描绘在直角坐标图中，即可得到相关图	典型相关关系：正相关、弱正相关、不相关、负相关、弱负相关、非线性相关

续表

方法	概念	方法	核心要点
直方图法（频数分布直方图）	用来反映产品质量数据分布状态和波动规律的统计分析方法	(1) 收集整理数据：将抽样检查得到的一批（一般不小于100个，至少应大于50个）质量数据按大小分成若干组，在坐标图上画出以组距为底、以每组频数为高的一系列矩形图形。 (2) 计算极差：极差R是质量数据中最大值与最小值之差。 (3) 对数据分组，确定组数 k、组距 h 和组界。 (4) 编制数据频数统计表。 (5) 绘制频数分布直方图	主要用途： (1) 判断工序的稳定性。 (2) 推断工序质量规格标准的满足程度。 (3) 分析不同因素对质量的影响。 (4) 计算工序能力等
控制图（管理图）	控制图是一种在直角坐标系内画有控制界限，描述生产过程中产品质量波动状态的图形。该方法利用控制图分析质量波动原因，判明生产过程是否处于稳定状态的方法	控制图一般有三条线：上面一条虚线为上控制线（UCL），下面一条虚线为下控制线（LCL），中间一条实线为中心线（CL）。控制界限一般根据“3σ”原理来确定，上下控制界限标志着质量特性值允许波动范围，如图4-2-3所示	随着生产过程的进展，将通过抽样取得的质量数据点描在控制图上，随时观察点子的变化。如果点子落在控制界限外或界限上，即判断生产过程异常；点子即使在控制界限内，也应随时观察其有无缺陷，以对生产过程正常与否作出判断

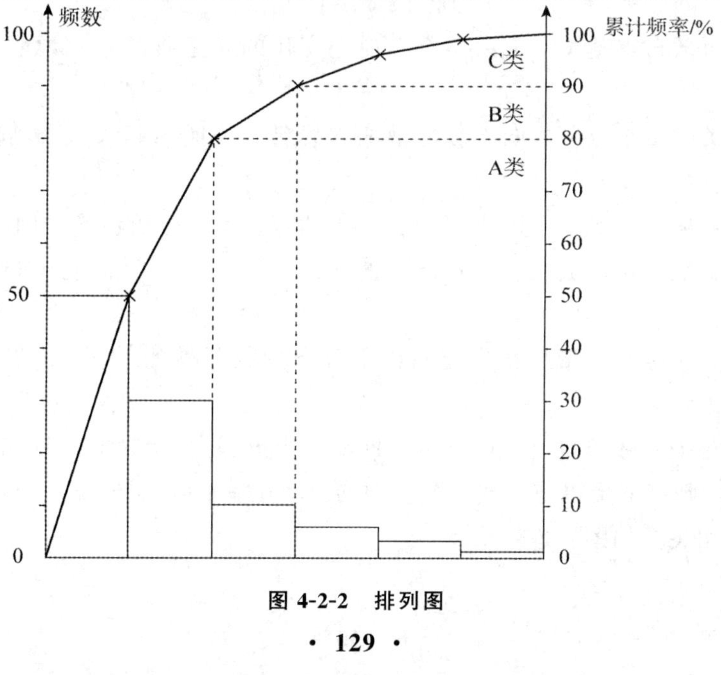

图 4-2-2　排列图

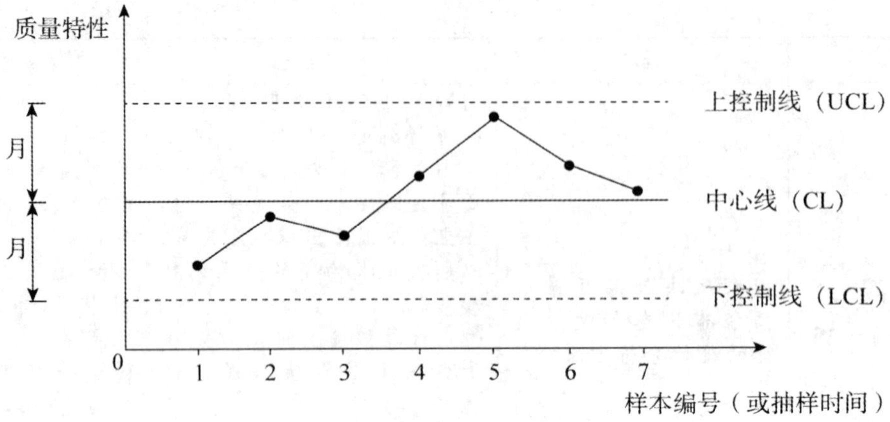

图 4-2-3　控制图基本形式

二、相关图法

相关图中点的集合，反映了两种数据之间的散布状况，如图 4-2-4 所示。

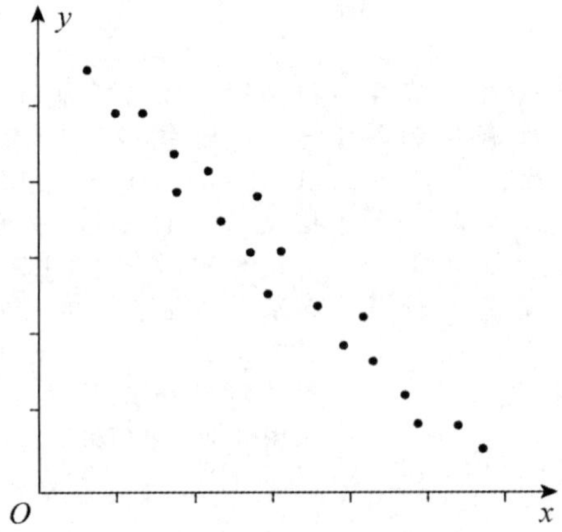

图 4-2-4　相关图

（1）正相关：散布点基本形成由左至右向上变化的一条直线带，说明 x 与 y 有较强的制约关系。

（2）弱正相关：散布点形成向上较分散的直线带。说明 y 除受 x 影响外，还受其他更重要的因素影响。

（3）不相关：散布点形成一团或平行于 x 轴的直线带。分析质量原因时可排除 x 因素。

（4）负相关：散布点形成由左向右向下的一条直线带，说明 x 对 y 的影响与正相关恰恰相反。

（5）弱负相关：散布点形成由左至右向下分布的较分散的直线带。应考虑寻找影响 y 的其他更重要的因素。

（6）非线性相关：散布点呈一曲线带。即在一定范围内 x 增加，y 也增加；超过这个范围后，x 增加，y 则有下降趋势，或改变变动的斜率至呈曲线形态。

几种典型的相关图如图 4-2-5 所示。

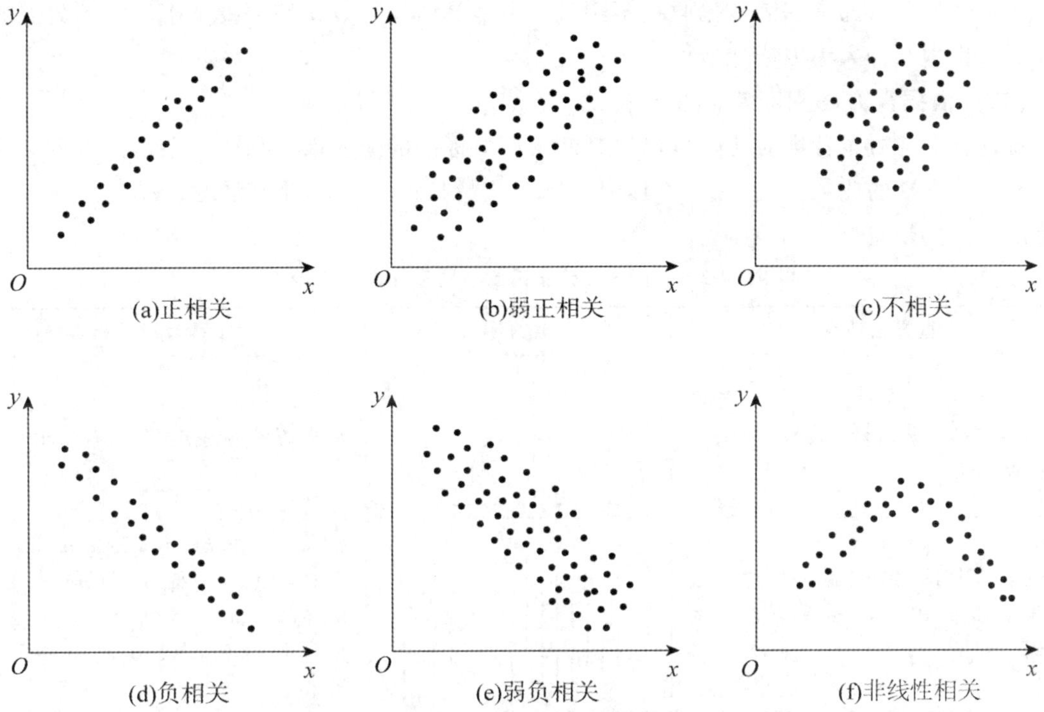

图 4-2-5 几种典型的相关图

三、直方图法

(一) 根据直方图形状判断产品质量状况

观察直方图形状，将直方图分布状态与正态分布图进行对比，分析判断产品质量状况。常见的直方图形状如图 4-2-6 所示。

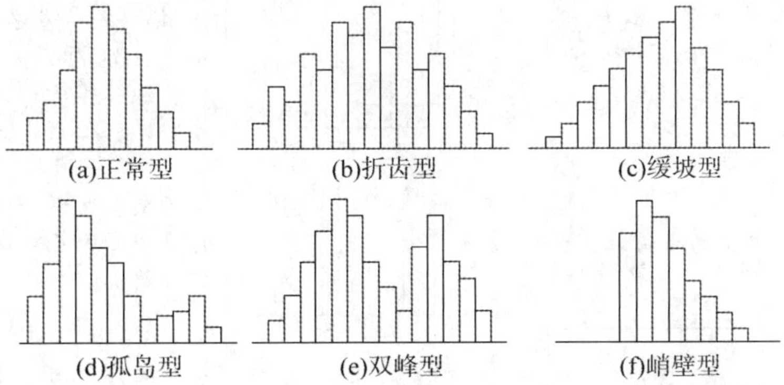

图 4-2-6 常见的直方图形状

(1) 正常型：基本符合正态分布规律。表示工序处于稳定状态，只存在随机误差。

(2) 折齿型：是由于分组不当或组距确定不当而造成的。

(3) 左（或右）缓坡型：主要是由于操作中对上限（或下限）控制太严造成的。

(4) 孤岛型：因原材料发生变化，或短时间内工人操作不熟练造成的。

(5) 双峰型：通常因取样时混批所致，如将两台设备、两种不同施工方法的产品混在一起或在两个不同批量中取样等。

（6）峭壁型：通常是因数据收集不正常，可能是由于有意识地去掉下限以下的数据或是在检测过程中某种人为因素造成的。

（二）根据直方图判断实际生产能力

将直方图与质量标准对比，可借以判断工序对标准的适应能力和改善余地。直方图分布范围与质量标准的比较见表 4-2-6。其中，B 为质量特性（如混凝土强度、尺寸）的实际分布范围；T 为质量标准的范围。

表 4-2-6　直方图分布范围与质量标准的比较

直方图特点	直方图	对工程管理的指导
B 在 T 中间，质量分布中心与质量标准中心 M 正好重合，两侧还有一定余地	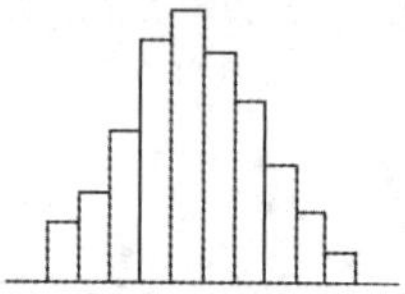	表明工序质量稳定，不会出废品
B 虽在 T 内，但质量分布中心 x 与质量标准中心 M 不重合，偏向一侧	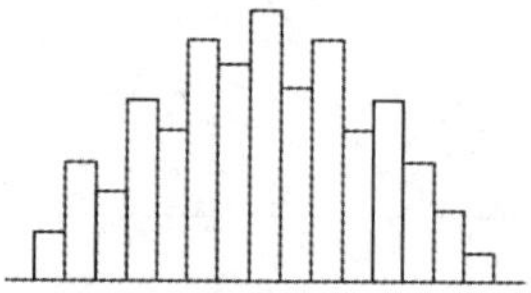	如果生产状态一旦发生变化，就可能超出质量标准下限而出现不合格品。出现这种情况时，应及时采取措施，使直方图移到中间来
B 在 T 中间，且 B 的范围与质量标准的范围重合，没有余地	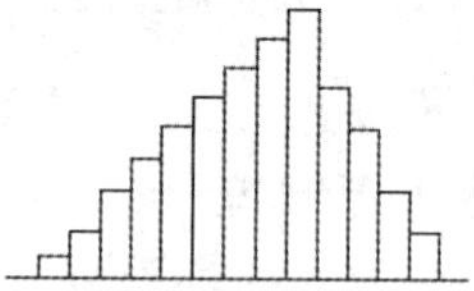	生产过程一旦发生小的变化，产品的质量特性值就可能超出质量标准。出现这种情况时，必须立即采取措施，以缩小质量特性的分布范围
B 在 T 中间，质量分布中心与质量标准中心 M 正好重合，但两侧余地太大	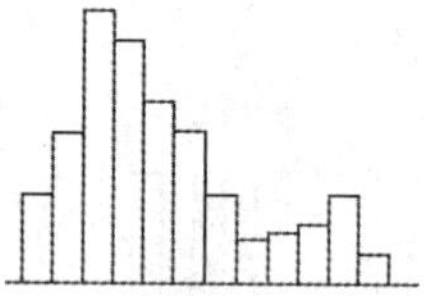	表明工序稳定，但工序能力过于宽裕，经济性差。在这种情况下，可以对原材料、设备、工艺、操作等方面的控制要求适当放宽，降低成本或缩小公差范围
B 的中心与 T 的中心偏离较大	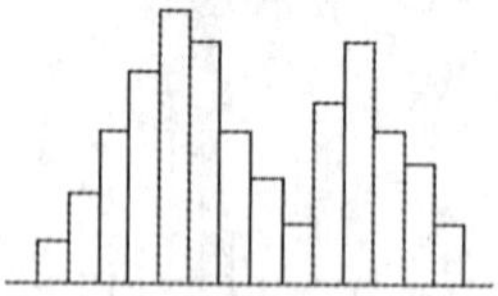	表示实际质量分布过于偏离质量标准中心，已经单边超限，出现不合格品
质量分布范围已超出质量标准的上、下界限	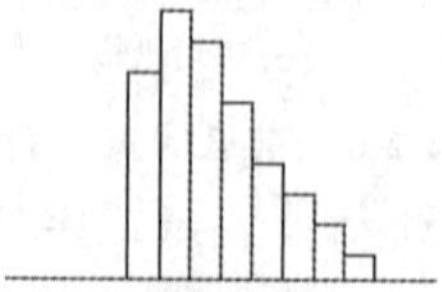	表明工序能力太小，必然出现不合格品。此时，应提高工序能力，使工序质量符合标准要求

四、控制图法

（一）控制图种类

控制图种类见表 4-2-7。

表 4-2-7　控制图种类

按用途分	分析用控制图	用来调查分析生产过程是否处于控制状态。绘制分析用控制图时，一般需连续抽取 20～25 组样本数据，计算控制界限
	管理（控制）用控制图	主要用来控制生产过程，使之经常保持在稳定状态。一般将分析用控制图的控制界限延长作为管理用控制图的控制界限，并按一定的时间间隔取样、计算、打点，根据点子分布情况判断生产过程是否有异常原因影响
按质量数据特点分	计量值控制图	适用于质量特性属于计量值的控制，如时间、长度、重量、强度、成分等连续型变量。计量值性质的质量特性值服从正态分布规律
	计数值控制图	用于控制质量数据中的计数值，如不合格品数、疵点数、单位面积上的疵点数等离散型变量。根据计数值的不同又可分：p 控制图（不合格率控制图）、p_n 控制图（不合格品数控制图）、c 控制图（缺陷数控制图）、u 控制图（单位缺陷数控制图）

（二）控制图的观察分析

分析用控制图中的点子同时满足以下两个条件时，可以认为生产过程基本上处于稳定状态：

(1) 连续 25 点中没有一点在界限外或连续 35 点中最多一点在界限外或连续 100 点中最多 2 点在界限外。

(2) 控制界限内的点子随机排列且没有缺陷。

如果控制图中的点子分布不满足上述条件时，说明生产过程发生了异常变化。

如果生产过程处于稳定状态，则把分析用控制图转为管理用控制图。分析用控制图是静态的，而管理用控制图是动态的。

第三节　施工质量控制

考点 1　施工质量控制的三阶段原理

三阶段控制原理就是事前质量控制、事中质量控制和事后质量控制。这三阶段构成了施工项目质量管理的系统过程。

一、事前质量控制

事前质量控制，即正式施工前进行质量控制，控制重点是做好准备工作。要求在切实可行并有效实现预期质量目标的基础上，预先进行周密的施工质量计划，编制施工组织设计或施工项目管理实施规划，作为一种行动方案。对影响质量的各因素和有关方面进行预控时应注意，准备工作贯穿施工全过程。

事前控制要求加强施工项目的技术质量管理系统控制，加强企业整体技术和管理经验对施工质量计划的指导和支撑作用。其内涵包括两层意思，一是强调质量目标的计划预控，二是按照质量计划进行质量活动前的准备工作状态的控制。具体包括：编制质量计划、明确质量目标、制订施工方案、设置质量管理点、落实质量责任、分析可能导致质量问题的因素并制订预防措施。

二、事中质量控制

事中质量控制指在施工过程中进行质量控制。首先是对质量活动的行为约束，即对质量产生过程各项技术作业活动操作者在相关制度管理下的自我行为约束的同时，充分发挥其技术能力，完成预定质量目标的作业任务；其次是外部对质量活动过程和结果的监督控制。事中质量控制的策略是全面控制施工过程及其有关方面的质量。重点是控制工序质量、工作质量、质量控制点。要点是工序交接有检查，质量预控有对策，施工项目有方案，技术措施有交底，图纸会审有记录，配制材料有试验，隐蔽工程有验收，计量器具有复核，设计变更有手续，质量处理有复查，成品保护有措施，行使质控有否决，质量文件有档案。

三、事后质量控制

事后质量控制指对于通过施工过程所完成的具有独立的功能和使用价值的最终产品（单位工程或整个工程项目）及其有关方面（如质量文档）的质量进行控制，包括对质量活动结果的评价和认定以及对质量偏差的纠正。在实际工程中不可避免地存在一些难以预料的影响因素，很难保证所有作业活动"一次成功"；另外，对作业活动的事后评价是判断其质量状态不可缺少的环节。

以上三个控制阶段不是孤立和截然分开的，它们相互构成有机的系统过程，实质上也就是PDCA循环的具体化，并在每一次滚动循环中不断提高，达到质量管理的持续改进。

实战演练

[2019真题·单选] 下列质量控制活动中，属于事中质量控制的是（　　）。

A. 设置质量控制点

B. 明确质量责任

C. 评价质量活动结果

D. 约束质量活动行为

[解析] 事中质量控制包括对质量活动的行为约束和对质量活动过程和结果的监督控制。选项A、B属于事前控制，选项C属于事后控制。

[答案] D

[2015真题·单选] 下列施工质量控制的工作中，属于事前质量控制的是（　　）。

A. 隐蔽工程的检查

B. 工程质量事故的处理

C. 分析可能导致质量问题的因素并制订预防措施

D. 现场材料抽样检查或试验

［解析］事前质量控制，即在正式施工前进行质量控制，控制的重点是做好准备工作。具体包括：编制施工质量计划、明确质量目标、制订施工方案、设置质量管理点、落实质量责任、分析可能导致质量问题的因素并制订预防措施。

［答案］C

考点 2 施工质量控制的一般方法

一、现场质量检查的内容

（1）开工前的检查。主要是检查开工前准备工作的质量能否保证正常施工。

（2）工序交接检查。三检：自检、互检、专检。

（3）隐蔽工程检查。在施工单位自检与互检的基础上，监理人员还应进行隐蔽工程检查。经监理人员检查确认其质量后，才允许加以覆盖。

（4）停工后复工前的检查。当工程因质量问题或其他原因，由监理指令停工后，在复工前应经监理人员检查认可，下达复工指令，方可复工。

（5）完工后的检查。分项、分部（子分部）工程完成后，应经监理人员检查认可，并签署中间交工证书。

（6）对于成品进行的保护检查。检查成品有无保护措施以及保护措施是否有效。

二、现场质量检查的方法

对于现场所用原材料、半成品、工序过程或工程产品质量进行检查的方法有以下三类：

（1）目测法。即凭借感官进行检查，也可以叫作感觉性检验。这类方法主要是采用看、摸、敲、照等手法对检查对象进行检查。

（2）量测法。即利用量测工具或计量仪表，通过实际量测结果与规定的质量标准或规范的要求相对照，从而判断质量是否符合要求。量测的手法可归纳为：靠、吊、量、套。

（3）试验法。即通过进行现场试验或试验室试验等理化试验手段取得数据，分析判断质量情况。试验法包括理化试验、无损测试或检查。

➤ **重点提示**：（1）现场监督检查内容的顺口溜：“开、交、隐、停、分、成”。

（2）区分三种现场质量检查的方法。

实战演练

［经典例题·单选］施工现场对墙面平整度进行检查时，适合采用的检查手段是（　　）。

A. 量　　　　B. 靠

C. 吊　　　　D. 套

［解析］量测的手法有靠、吊、量、套。其中靠是指用直尺、塞尺检查墙面、地面、路面等的平整度。

［答案］B

[**经典例题·单选**] 施工质量检查中，工序交接检查的“三检”制度是指（　　）。

A. 质检员检查、技术负责人检查、项目经理检查

B. 施工单位检查、监理单位检查、建设单位检查

C. 自检、互检、专检

D. 施工单位内部检查、监理单位检查、质量监督机构检查

[**解析**] 在施工质量检查中，工序交接检查实行“三检”制度，即自检、互检、专检。

[**答案**] C

[**经典例题·多选**] 下列施工质量控制内容中，属于现场施工质量检查内容的有（　　）。

A. 开工前的检查

B. 工序交接检查

C. 材料质量检验报告检查

D. 成品保护检查

E. 施工机械性能稳定性检查

[**解析**] 现场质量检查的主要内容包括开工前的检查、工序交接检查、隐蔽工程的检查、停工后复工的检查、完工后的检查、对于成品进行保护的检查。

[**答案**] ABD

考点 3 施工准备的质量控制

一、建设单位的施工准备质量控制

承发包合同签订后，建设单位、施工单位、监理单位都应努力完成自己责任内的事情，都要为项目的按时开工积极创造条件，其中建设单位的工作更不容忽视。建设单位责任内的施工准备质量控制主要是对其准备工作内容逐条逐项认真完成，为工程项目的开工创造一切有利条件。这里重点阐述建设单位施工准备工作中施工组织设计大纲的编制及其质量控制内容。

大中型工程项目施工组织设计大纲是组织工程实施的指导性文件，也是降低工程造价、保证工程质量、控制总概算、合理安排项目工期、制订投资计划的主要依据之一。施工组织设计大纲应在初步设计批准后，由项目法人或项目法人委托设计单位编制。施工组织设计大纲不同于施工组织设计，施工组织设计大纲是编制和审核施工组织总设计的依据。施工组织设计大纲的编制内容如下：

（1）工程概况。

（2）与工程相关的周围环境概况：指与工程建设有相互影响的工业和农业情况。

（3）施工配套条件：指出可能相互影响的因素（包括文物和环境保护）和解决办法。

（4）施工总部署。制定施工部署主线和施工总部署原则；预测和分析整个工程的资源需求和分年供给的可能；提出工程所要达到的工期、质量目标，施工的主要技术经济指标和要求。

（5）施工准备与临建设施。施工准备与临建设施包括技术准备、招标投标和组织管理体系等准备工作的安排。

（6）施工总平面布置：按照施工总部署的原则，通过定性和定量分析，以文字和图表方式表现。

（7）施工总进度计划。施工总进度计划包括指导思想，编制原则，总进度时间表，各单项工程合理工期，设备到货、安装和调试工期，施工劳动力需要量计划、建筑材料需要量计划、施工图设计进度。

（8）资金计划。资金计划包括资金安排原则、资金筹措与分年分渠道安排计划、其他工程费用使用计划。

施工组织设计大纲的编制要按照上述内容认真编写，符合实际，满足质量控制的要求。

二、承包商的施工准备质量控制

承包商的施工准备质量控制的重点是承包商对技术准备的质量控制。技术准备的质量控制包括：绘图及审阅工作，编制施工作业技术指导书，进行技术交底、技术培训，复核审查准备工作，制订施工质量控制计划，设置质量控制点，明确关键部位的质量管理点。而技术准备的质量控制的关键是施工项目管理实施规划（质量计划）的编制和审核。承包商施工技术准备中的施工项目管理实施规划的质量控制要求如下：

（1）施工项目管理实施规划的编制、审查和批准要符合规定的程序。

（2）施工项目管理实施规划应符合国家的技术政策，充分考虑承包合同规定的条件、施工现场条件及法规条件的要求，突出“质量第一、安全第一”的原则。

（3）施工项目管理实施规划要具有针对性和可操作性。

（4）技术方案要具有先进性。

（5）质量管理体系、技术管理体系以及质量保证措施要健全且切实可行。

（6）安全、环保、消防和文明施工措施应切实可行并符合有关规定。

综上所述，施工准备工作应贯穿于整个施工过程，既有阶段性又有连续性，必须按规定做好。各项准备工作达到规定程度即可申报开工。

三、现场施工准备的质量控制

（一）工程定位和标高基准的控制

对于工程定位和标高基准的控制，工程测量放线是第一步。其后施工单位将复测数据结果上报监理工程师审核批准，批准后施工单位据此建立施工测量控制网。

（二）施工平面布置的控制

施工平面布置的控制即由建设单位划定用地的范围，制定施工场地质量管理制度，并做好施工现场的质量检查记录。

➤ **重点提示：**（1）技术准备的质量控制——“室内＋技术”的工作。

（2）现场施工准备的质量控制——“室外”的工作。

实战演练

［经典例题·单选］下列施工质量控制工作中，属于技术准备工作质量控制的是（　）。

A. 建立施工测量控制网　　B. 设置质量管理点

C. 制定施工场地质量管理制度　　D. 实行工序交接检查制度

［解析］技术准备的质量控制包括：绘图及审阅工作，编制施工作业技术指导书，进行技术交底、技术培训，以及对准备工作的复核审查，制订施工质量控制计划，设置质量控制点，明确关键部位的质量管理点。

［答案］B

考点 4 施工过程的质量控制

施工过程的质量控制是施工阶段工程质量控制的重点。施工过程中质量控制的主要工作：以工序质量控制为核心，设置质量控制点进行预控，严格质量检查和加强成品保护。

一、施工工序质量的控制

施工过程是由一系列相互联系与制约的工序而构成。工序是人、材料、机械设备、施工方法和环境等因素对工程质量综合起作用的过程，所以对施工过程的质量监控，必须以工序质量控制为基础，落实在各项工序的质量监控上。工序质量监控主要包括对工序活动条件的监控和对工序活动效果的监控。

（一）工序活动条件的监控

工序活动条件的监控主要是指对于影响工序生产质量的各因素及环境进行控制，也就是使工序活动能在良好的条件下进行，以确保工序产品的质量。工序活动条件的监控包含以下两点：

（1）施工准备方面的控制。在工序施工前，应对影响工序质量的因素或条件进行监控。

（2）施工过程中对工序活动条件的监控。工序活动是在经过审查施工准备的条件下展开的，对施工过程中工序活动条件进行监控时，要注意各因素或条件的变化，如果发现某种因素或条件不利于工序质量，应及时予以控制或纠正。在各种因素中，投入施工的物品如材料、半成品等以及施工操作或工艺是最活跃和易变化的因素，应予以特别监督与控制，使它们的质量始终处于控制之中。

（二）工序活动效果的监控

工序活动效果的监控主要反映在对工序产品质量性能的特征指标的控制上，主要是指对工序活动的产品采取一定的检验手段进行检验，根据检验结果分析、判断该工序活动的质量（效果），从而实现对工序质量的控制。其监控步骤如下：

（1）实测。采用必要的检测手段，对抽取的样品进行检验，测定其质量特性指标。

（2）分析。对检测所得数据进行整理、分析，找出规律。

（3）判断。根据数据分析的结果，判断该工序产品是否达到了规定的质量标准；如果未达到，应找出原因。

（4）纠正或认可。如发现质量不符合规定标准，应采取措施纠正；如果质量符合要求，则予以确认。

二、技术交底

项目开工前应由项目技术负责人向施工的负责人或分包人进行书面技术交底。技术交底书应由施工项目技术人员编制，并经项目技术负责人批准实施。

三、测量控制

（1）项目开工前应编制测量控制方案，经项目技术负责人批准后实施。

（2）进行施工测量复核工作，复核结果应报送监理工程师复验确认后，方能进行后续相关工序的施工。

➤ **重点提示：**（1）工序施工条件控制包括各生产要素质量及生产环境条件的控制。

（2）工序施工效果控制属于事后质量控制。

（3）掌握由谁向谁进行技术交底，技术交底书由谁编制、由谁审批。

（4）掌握测量控制方案由谁审批、数据复核结果交谁复验。

实战演练

［2023 真题·单选］施工项目开工前编制的测量控制方案应由（　　）批准后实施。

A. 项目经理

B. 施工单位技术负责人

C. 项目测量负责人

D. 项目技术负责人

［解析］项目开工前应编制测量控制方案，经项目技术负责人批准后实施。

［答案］D

［2016 真题·单选］施工过程中，施工单位必须认真进行施工测量复核工作，并应将复核结果报送（　　）复验确认。

A. 项目经理　　B. 监理工程师

C. 建设单位项目负责人　　D. 项目技术负责人

［解析］施工过程中，施工单位必须认真进行施工测量复核工作，复核结果应报送监理工程师复验确认后，方能进行后续相关工序的施工。

［答案］B

［经典例题·多选］下列施工过程的质量控制中，属于工序施工效果控制的是（　　）。

A. 钢材的力学性能检测　　B. 实测获取数据

C. 统计分析所获取的数据　　D. 水泥物理化学性能检测

E. 纠正质量偏差

［解析］工序施工效果控制的步骤是：实测获取数据→统计分析所获取的数据→判断是否达到质量标准→纠正质量偏差或认可。

［答案］BCE

工程施工质量验收包括施工过程的质量验收和施工项目竣工质量验收。

考点 5 施工过程的质量验收

根据《建筑工程施工质量验收统一标准》（GB 50300—2013），施工过程质量验收的项目和标准等相关内容总结如图 4-3-1 所示。

扫码听课

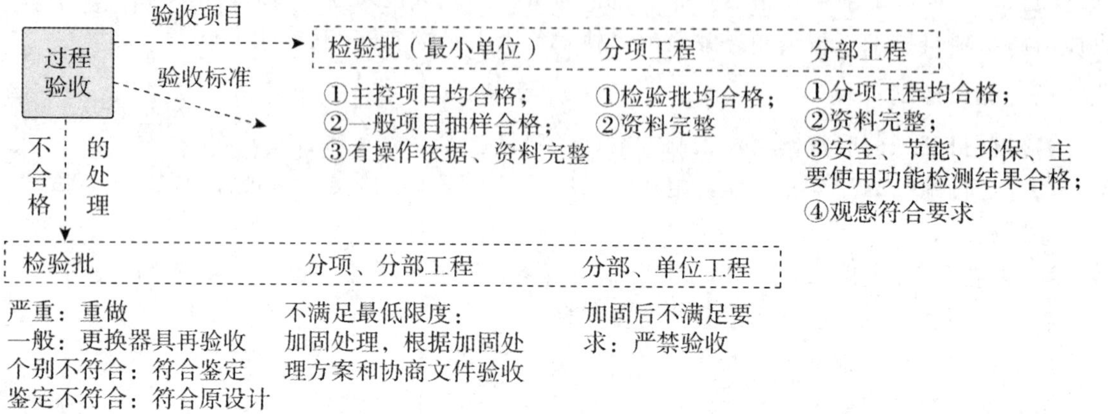

图 4-3-1　施工过程质量验收的项目和标准

➢ **重点提示：**（1）区分施工过程（检验批、分项工程、分部工程）质量验收合格的标准。

（2）区分检验批、分部分项工程、单位工程验收不合格的处理方法。

实战演练

[经典例题·单选] 施工过程中，工程质量验收的最小单位是(　　)。

A. 分项工程

B. 单位工程

C. 分部工程

D. 检验批

[解析] 检验批是工程验收的最小单位，是分项工程乃至整个建筑工程质量验收的基础。

[答案] D

[经典例题·单选] 检验批质量验收时，认定其为质量合格的条件之一是主控项目质量(　　)。

A. 抽检合格率至少达到 85%

B. 抽检合格率至少达到 90%

C. 抽检合格率至少达到 95%

D. 全部符合有关专业工程验收规范的规定

[解析] 主控项目质量对检验批的基本质量有决定性影响，因此，必须全部符合有关专业工程验收规范的规定。

[答案] D

[经典例题·单选] 某检验批质量验收时，抽样送检资料显示其质量不合格，经有资质的法定检测单位实体检测后，仍不满足设计要求，但经原设计单位核算后认为能满足结构安全和使用功能的要求，则该检验批的质量(　　)。

A. 应返工重做后重新验收

B. 需与建设单位协商一致方可验收

C. 可予以验收

D. 由监督机构决定是否予以验收

[解析] 经有资质的检测单位检测鉴定达不到设计要求，但经原设计单位核算，仍能满足结构安全和使用功能的情况，该检验批可以予以验收。

[答案] C

[经典例题·多选] 建设工程施工质量不符合要求时，正确的处理方法有(　　)。

A. 经返工重做或更换器具、设备的检验批，应重新进行验收

B. 经有资质的检测单位检测鉴定达到设计要求的检验批，应予以验收

C. 经有资质的检测单位检测鉴定达不到设计要求，但经原设计单位核算认可，能满足结构安全和使用功能的检验批，可予以验收

D. 经返修或加固的分项、分部工程，虽然改变外形尺寸但仍能满足安全使用要求，可按技术处理方案和协商文件进行验收

E. 经返修或加固处理仍不能满足安全使用要求的分部工程，经鉴定后降低安全等级使用

[解析] 当建筑工程质量不符合要求时，应按下列规定进行处理：①经返工重做或更换器具、设备的检验批，应重新进行验收；②经有资质的检测单位检测鉴定能够达到设计要求的检验批，应予以验收；③经有资质的检测单位检测鉴定达不到设计要求，但经原设计单位核算认可，能够满足结构安全和使用功能的检验批，可予以验收；④经返修或加固处理的分项、分部工程，虽然改变外形尺寸但仍然满足安全使用要求，可按技术处理方案和协商文件进行验收。

[名师点拨] 建设工程施工质量不符合要求时，处理的方法归纳为：①检验批严重不合格——返工重做；②检验批一般不合格——翻修或更换器具后重新验收；③个别不满足强度要求——鉴定结果符合安全使用时，可以验收；④个别不满足鉴定要求——经原设计单位验算，验算结果符合安全使用时，可以验收；⑤返修处理——蜂窝、麻面、墙上存在不影响安全使用的细小裂缝；⑥加固处理——主要针对危及承载力的质量缺陷处理，加固之后可按技术处理方案和协商文件进行验收；⑦返工处理——通过返修、加固后仍不能满足规定的质量标准，需返工处理；⑧限制使用——返修、加固后无法达到规定的使用要求，但无法返工的情况；⑨不作处理——涉及四方面：不影响安全使用、后道工序可以弥补、法定检测单位鉴定合格、鉴定不合格，但符合原设计的要求；⑩报废处理——采取所有方法处理后仍不能满足规定的要求，则必须报废处理。

[答案] ABCD

第四章

考点 6 施工项目竣工质量验收

扫码听课

一、竣工验收的标准和条件

根据《建筑工程施工质量验收统一标准》（GB 50300—2013），项目竣工质量验收的标准和条件等相关内容总结如图 4-3-2 所示。

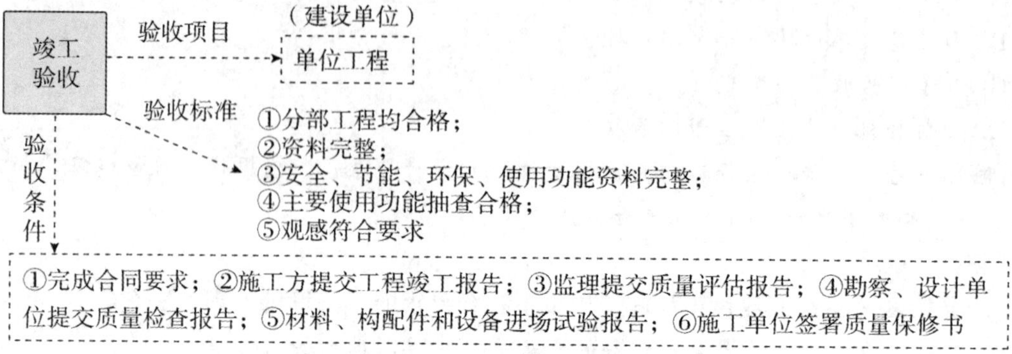

图 4-3-2　项目竣工质量验收的标准和条件

➢ **重点提示：**（1）掌握竣工验收的组织者及验收合格的标准。

（2）掌握施工项目竣工质量验收条件中的五个重要文件：①工程竣工报告；②工程质量评估报告；③质量检查报告；④建筑材料、构配件和设备的进场试验报告；⑤工程质量保修书。

二、竣工验收的程序

根据《建筑工程施工质量验收统一标准》（GB 50300—2013），施工项目竣工质量验收的程序总结如图 4-3-3 所示。

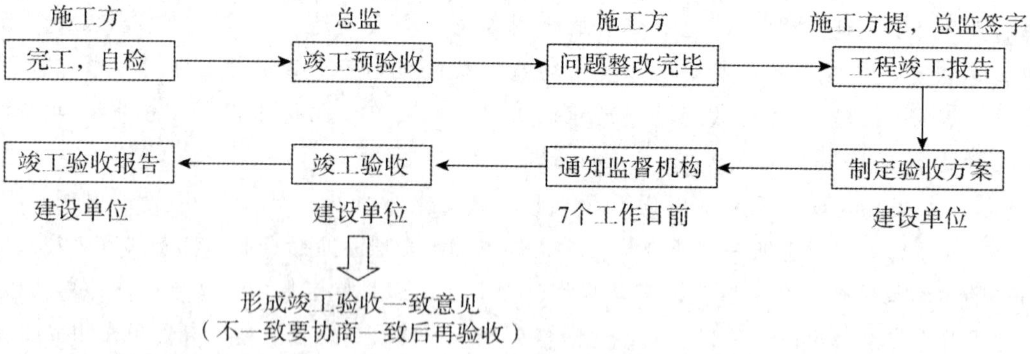

图 4-3-3　竣工验收的程序

三、竣工验收报告所附的内容

（1）施工许可证。

（2）施工图设计文件审查意见。

（3）竣工质量验收条件中的竣工报告、质量评估报告、质量检查报告、质量保修书。

（4）验收组人员签署的工程竣工验收意见。

（5）法规、规章规定的其他有关文件。

实战演练

[经典例题·单选] 施工项目竣工质量验收时，如参与验收的建设、勘察、设计、施工、监理等各方不能形成一致意见时，正确的做法是(　　)。

A. 协商提出解决方法，待意见一致后作出验收结论

B. 协商提出解决方法，待意见一致后重新组织工程竣工验收

C. 由建设单位作出验收结论

D. 由监理单位作出验收结论

[解析] 参与工程竣工验收的建设、勘察、设计、施工、监理等各方不能形成一致意见时，应当协商提出解决的方法，待意见一致后，重新组织工程竣工验收。

[答案] B

[经典例题·单选] 建设工程施工项目竣工验收应由（　　）组织。

A. 监理单位　　　　B. 施工企业

C. 建设单位　　　　D. 质量监督机构

[解析] 竣工验收由建设单位组织，验收组由建设、勘察、设计、施工、监理和其他有关方面的专家组成。

[答案] C

[经典例题·多选] 根据《建筑工程施工质量验收统一标准》（GB 50300—2013)，单位工程质量验收合格的规定有(　　)。

A. 所含分部工程的质量均应验收合格

B. 质量控制资料应完整

C. 所含分部工程有关安全、节能、环境保护和主要使用功能的检验资料应完整

D. 主要使用功能的抽查结果应符合相关专业质量验收规范的规定

E. 工程监理质量评估记录应符合要求

[解析] 单位工程质量验收合格应符合下列规定：①所含分部工程的质量均应验收合格；②质量控制资料应完整；③所含分部工程有关安全、节能、环境保护和主要使用功能的检验资料应完整；④主要使用功能的抽查结果应符合相关专业质量验收规范的规定；⑤观感质量应符合要求。

[答案] ABCD

第四节　施工质量事故预防与调查处理

考点 1 工程质量事故等级划分

扫码听课

一、质量事故等级划分

工程质量事故可分为四个等级，如图 4-4-1 所示。

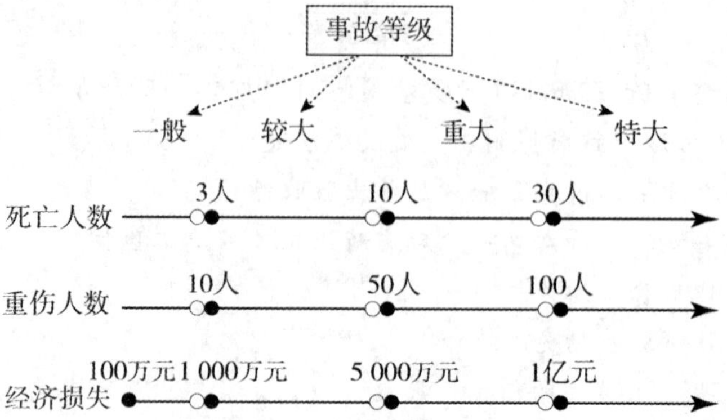

图 4-4-1　工程质量事故等级

（1）特别重大事故，是指造成 30 人以上死亡，或者 100 人以上重伤，或者 1 亿元以上直接经济损失的事故。

（2）重大事故，是指造成 10 人以上 30 人以下死亡，或者 50 人以上 100 人以下重伤，或者 5 000 万元以上 1 亿元以下直接经济损失的事故。

（3）较大事故，是指造成 3 人以上 10 人以下死亡，或者 10 人以上 50 人以下重伤，或者 1 000 万元以上 5 000 万元以下直接经济损失的事故。

（4）一般事故，是指造成 3 人以下死亡，或者 10 人以下重伤，或者 100 万元以上 1 000 万元以下直接经济损失的事故。

第四章

二、质量事故责任划分

（1）指导责任事故：工程指导或领导失误。

（2）操作责任事故：操作者不按规程和标准实施。

（3）自然灾害：突发的严重自然灾害。

三、质量事故原因划分

（1）技术原因：指实施中由于设计、施工在技术上的失误。

（2）管理原因：指管理上的不完善或失误。例如：检验制度不严密，质量控制不严格，检测仪器设备管理不善而失准，材料检验不严等。

（3）社会、经济原因：指由于经济因素及社会上存在的弊端和不正之风导致建设中的错误行为。例如：盲目追求利润而不顾工程质量，在投标报价中恶意压低标价，中标后随意修改方案或偷工减料等。

（4）其他原因：其他人为事故或严重的自然灾害等不可抗力原因。

➢ **重点提示：**（1）工程质量事故的分类必须掌握，公共科目、专业科目经常会考查。

（2）事故责任分类：领导的责任、工人的责任、自然灾害的责任。

（3）区分造成质量事故的四种原因。

实战演练

[2016 真题·单选] 某工程混凝土浇筑过程中发生脚手架倒塌，造成 11 名施工人员当场死亡，此次工程质量事故等级认定为(　　)。

A. 特别重大事故　　B. 重大事故　　C. 较大事故　　D. 一般事故

[解析] 根据工程质量事故造成的人员伤亡或者直接经济损失，工程质量事故分为四个等级：①特别重大事故，是指造成 30 人以上死亡，或者 100 人以上重伤，或者 1 亿元以上直接经济损失的事故；②重大事故，是指造成 10 人以上 30 人以下死亡，或者 50 人以上 100 人以下重伤，或者 5 000 万元以上 1 亿元以下直接经济损失的事故；③较大事故，是指造成 3 人以上 10 人以下死亡，或者 10 人以上 50 人以下重伤，或者 1 000 万元以上 5 000 万元以下直接经济损失的事故；④一般事故，是指造成 3 人以下死亡，或者 10 人以下重伤，或者 100 万元以上 1 000 万元以下直接经济损失的事故。

[答案] B

[2016 真题·单选] 由于工程负责人不按规范指导施工、随意压缩工期造成的质量事故，按事故责任分类，属于(　　)。

A. 操作责任事故　　B. 自然灾害事故

C. 技术责任事故　　D. 指导责任事故

[解析] 指导责任事故指由于工程指导或领导失误而造成的质量事故。例如，由于工程负责人不按规范指导施工，强令他人违章作业，或片面追求施工进度，放松或不按质量标准进行控制和检验，降低施工质量标准等而造成的质量事故。

[答案] D

考点 2　施工质量事故的处理

扫码听课

施工质量事故处理的一般程序如图 4-4-2 所示。

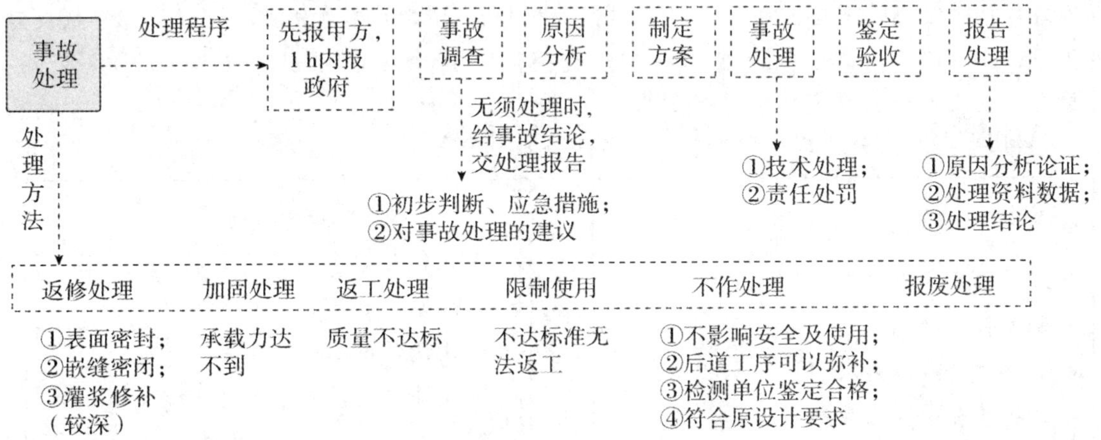

图 4-4-2　施工质量事故处理的一般程序

注： ①当构件裂缝宽度≤0.2 mm 时，应做表面密封处理。

②当构件裂缝宽度＞0.3 mm 时，应做嵌缝密闭。

➤ **重点提示：**(1) 掌握施工质量事故处理七大步骤的顺序。

(2) 施工质量事故发生之后，现场有关人员立即向工程建设单位报告。

(3) 区分两个“报告”的内容，即事故调查报告、事故处理报告。

(4) 重点区分六种质量事故处理的基本方法。

实战演练

[2016 真题·单选] 工程质量缺陷按返修方案处理后，仍无法保证达到规定的使用和安全要求，而无法返工处理的，其正确的处理方式是(　　)。

A. 不作处理　　B. 报废处理　　C. 加固处理　　D. 限制使用

[解析] 当工程质量缺陷按返修方法处理后无法保证达到规定的使用要求和安全要求，而又无法返工处理的情况下，不得已时可做出诸如结构卸荷或减荷以及限制使用的决定。

[答案] D

[经典例题·单选] 工程施工质量事故的处理包括：①事故调查；②事故的原因分析；③事故处理；④事故处理的鉴定验收；⑤制订事故处理的技术方案。其正确程序为(　　)。

A. ①②③④⑤　　B. ②①③④⑤

C. ②①⑤③④　　D. ①②⑤③④

[解析] 工程施工质量事故的处理程序依次为事故报告、事故调查、事故的原因分析、制订事故处理方案、事故处理、事故处理的鉴定验收和提交处理报告。

[答案] D

[经典例题·多选] 根据《关于做好房屋建筑和市政基础设施工程质量事故报告和调查处理工作的通知》(建质〔2010〕111 号）的规定，质量事故处理报告的内容有(　　)。

A. 对事故处理的建议　　B. 事故发生后的应急防护措施

C. 事故原因分析及论证　　D. 事故调查的原始资料

E. 检查验收记录

[解析] 事故处理结束后，必须尽快向主管部门和相关单位提交完整的事故处理报告，其内容包括：①事故调查的原始资料、测试的数据；②事故原因分析、论证；③事故处理的依据；④事故处理的方案及技术措施；⑤实施质量处理中有关的数据、记录、资料；⑥检查验收记录；⑦事故处理的结论等。

[名师点拨] 区分“事故调查报告”和“事故处理报告”的内容。

事故调查报告	事故处理报告
➢ 工程项目和参建单位概况	➢ 事故调查的原始资料、测试的数据
➢ 事故基本情况	➢ 事故原因分析、论证
➢ 事故发生后所采取的应急防护措施	➢ 事故处理的依据
➢ 事故调查中的有关数据、资料	➢ 事故处理的方案及技术措施
➢ 对事故原因和事故性质的初步判断，对事故处理的建议	➢ 实施质量处理中有关的数据、记录、资料
➢ 事故涉及人员与主要责任者的情况等	➢ 检查验收记录
	➢ 事故处理的结论等

第四章

[答案] CDE

[经典例题·多选] 施工质量事故处理的程序中，事故处理环节的主要工作有(　　)。

A. 事故调查
B. 制订事故处理方案
C. 事故的技术处理
D. 事故处理鉴定验收
E. 事故的责任处罚

[解析] 施工质量事故处理的程序中，事故处理的内容主要包括：①事故的技术处理；②事故的责任处罚。

[答案] CE

[经典例题·多选] 下列工程质量问题中，一般可不作专门处理的情况有(　　)。

A. 混凝土结构出现宽度不大于 0.3 mm 的裂缝
B. 混凝土现浇楼面的平整度偏差达到 8 mm
C. 某一结构构件截面尺寸不足，但进行复核验算后能满足设计要求
D. 混凝土结构表面出现蜂窝、麻面
E. 某基础的混凝土 28 天强度不到规定强度的 32%

[解析] 选项 A、D 采用返修处理；选项 E 采用返工处理。

[答案] BC

第五章

施工成本管理

名师导学

本章包括“施工成本影响因素及管理流程”“施工定额的作用及编制方法”“施工成本计划”“施工成本控制”“施工成本分析与管理绩效考核”五节内容。本章内容较难，记忆性内容偏多，要求理解并掌握。

第一节 施工成本影响因素及管理流程

考点 1 施工成本分类及影响因素

一、施工成本分类

施工成本是指施工项目实施过程中所发生的全部费用总和，但不包括施工单位层面所发生的包括管理费用、营业费用和财务费用在内的期间费用。施工成本分类见表 5-1-1。

表 5-1-1 施工成本分类

分类依据	类别	概念	要点
根据施工成本核算内容划分	直接成本	工程施工过程中直接耗费的构成工程实体或有助于工程实体形成的各项支出	包括人工费、材料费、施工机具使用费和措施费
	间接成本	施工项目管理机构为准备工程施工、组织和管理施工生产所发生的全部间接费支出	包括管理人员的工资和工资性津贴、奖金、工资附加费，以及行政管理用固定资产折旧费及修理费、物料消耗、低值易耗品摊销、取暖费、水电费、办公费、差旅费、财产保险费、检验试验费、工程保修费、劳动保护费及其他费用
根据施工成本计算标准划分	计划成本	也称为目标成本，是指施工单位根据自身需求，结合施工项目的技术特征、自然地理条件、劳动力素质、设备情况等预计的施工成本	是施工单位考虑成本降低措施后的预计成本，是建立施工成本管理责任制，进行施工成本控制的前提和基础
	实际成本	在施工项目实施过程中实际发生的各项费用总和	将实际成本与计划成本进行比较，可揭示施工成本计划的节约或超支，考核施工项目成本管理绩效
根据施工成本性态划分	固定成本	指在一定期间和工程量范围内不受工程量变动影响的成本	如办公费、管理人员工资和按直线法计提的固定资产折旧等
	变动成本	指在一定期间和工程量范围内会随工程量变动而成比例变化的成本	如直接成本中的人工费、材料费等
根据施工成本是否可控划分	可控成本	指在特定期间内能够为特定部门的职能权限所控制的成本	例如，在市场价格不变的前提下，工程部门通过控制材料消耗量即可控制施工过程中发生的材料成本，这就属于工程部门的可控成本
	不可控成本	在特定期间内不能为特定部门的职能权限所控制的成本	对于因市场价格变动引起的材料成本变动，属于工程部门的不可控成本

续表

分类依据	类别	概念	要点
根据施工成本要素构成划分	工期成本	承包人为使实施的合同工程达到质量标准，必须消耗或使用的人工、材料、工程设备、施工机械台班及其管理等方面发生的费用和按规定缴纳的规费和税金	一般情况下，直接成本会随着工期缩短而增加，间接成本会随着工期缩短而减少。可采用工程网络计划技术中的工期—成本优化方法
	质量成本	指为实现工程质量目标而采取的预防和控制措施所产生的费用，以及因不能达到质量水平而造成的各项损失费用之和	（1）控制成本：分为预防成本（质量规划费、工序控制费、新工艺鉴定费、质量培训费、质量信息费等）和鉴定成本（施工图纸审查费，施工文件审查费，原材料、外购件检验试验费，工序检验费，工程质量验收费等）。 （2）损失成本：分为内部损失成本（返工损失、返修损失、停工损失、质量事故处理费用等）和外部损失成本（工程保修费、损失赔偿费等）。 （3）质量控制成本增加，工程质量水平会随之提高
	安全成本	指为保证安全生产而支出的费用和因安全事故而产生的损失费用之和	安全成本分为安全生产保障成本（安全防护工程费用、安全防护措施费用、安全教育培训费用等）和安全事故损失成本（企业内部损失成本和企业外部损失成本）
	绿色成本	指按照绿色低碳发展要求，在工程施工中所采取的绿色建造措施成本，以及因绿色建造不善造成的损失费用之和	（1）绿色成本分为绿色建造成本和事故损失成本。 （2）通过分析绿色成本与绿色建造水平之间的关系，可以在减少碳排放、实现绿色建造的前提下，寻求绿色成本控制点

二、施工成本影响因素

施工成本受劳动力成本、材料成本、施工机具成本、设计要求和规格、现场管理能力、施工方法、工期、质量、安全和环境等多种因素影响。在施工成本管理过程中，要从整体角度，考虑各影响因素之间的关系，在诸多因素之间找到一个合理的“平衡点”，使得成本最低。施工成本影响因素见表 5-1-2。

表 5-1-2　施工成本影响因素

影响因素	具体影响
劳动力成本	薪酬水平、劳动力供需关系、技能水平
材料成本	价格波动、供应链问题
施工机具设备成本	租赁费用、维护费用、燃料费用
设计要求和规格	复杂的设计要求、高规格的建筑都会增加成本
现场管理能力	现场管理能力低，容易出现返工、返修、材料浪费、工人窝工、机械闲置等现象，导致施工成本增加

续表

影响因素	具体影响
施工方法	采用特殊的施工技术或先进的绿色建筑技术可能需要额外增加成本
施工工期	延长施工工期会导致成本增加；施工的直接成本会随着工期的缩短而增加；施工的间接成本会随着工期的缩短而减少。应选择总成本最低的工期安排
施工质量	修复和重建成本、返工和修正成本、额外监测和测试费用、低效和浪费成本、维护和修理成本、客户满意度和声誉成本
施工安全	合理的安全计划和管理，可以减少安全风险、降低事故发生概率，并最终降低施工安全成本
环境	采取或被要求采取绿色建造及施工环境保护措施，会增加施工成本

考点 2 施工成本管理流程

市场经济条件下以企业内部经济责任承包制为基础的施工成本管理，是综合考虑建造成本、工期成本、质量成本、安全成本和绿色成本的全要素成本控制。

施工成本管理各环节有机联系、相互制约。

(1) 成本计划是开展成本控制和分析的基础，也是成本控制的主要依据。

(2) 成本控制能对成本计划的实施进行监督，保证成本计划的实现。

(3) 成本分析是对成本计划是否实现进行的检查，并为成本管理绩效考核提供依据。

(4) 成本管理绩效考核是实现责任成本目标的保证和手段。

施工成本管理流程如图 5-1-1 所示。

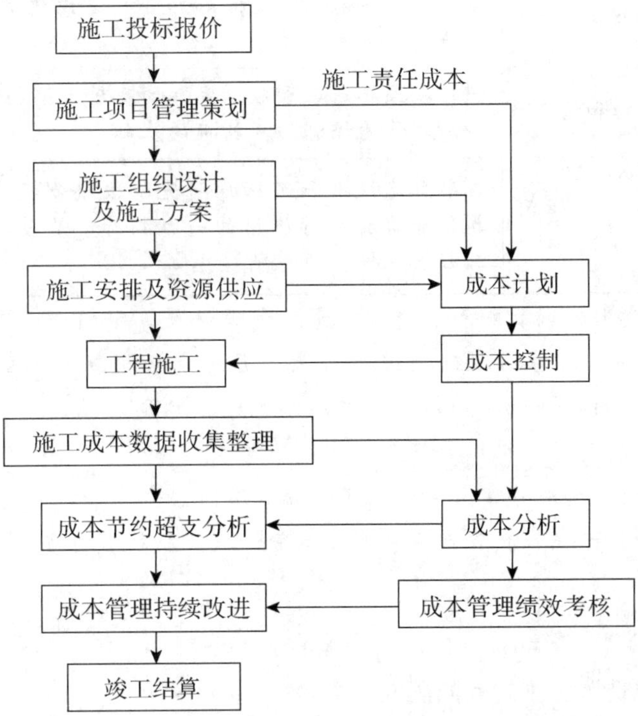

图 5-1-1 施工成本管理流程

第五章

第二节 施工定额的作用及编制方法

定额是指在一定的技术和组织条件下，生产质量合格的单位产品所消耗的人力、物力、财力和时间等的数量标准。建设工程定额是工程建设中各类定额的总称。

考点 1 建设工程定额的类型

按照编制程序和用途划分，建设工程定额的类型见表 5-2-1。

表 5-2-1 建设工程定额的类型

类型	研究对象	主要作用	定额性质
施工定额	工序	（1）属于企业定额； （2）建设工程定额中分项最细、定额子目最多的一种定额，也是建设工程定额中的基础性定额； （3）编制预算定额的基础	生产定额
预算定额	建筑物或构筑物各个分部分项工程	（1）以施工定额为基础综合扩大编制的，同时也是编制概算定额的基础； （2）编制施工图预算的主要依据； （3）编制定额基价、确定工程造价、控制建设工程投资的基础和依据	计价定额
概算定额	扩大的分部分项工程	编制扩大初步设计概算、确定建设项目投资额的依据	
概算指标	整个建筑物和构筑物	（1）在预算定额和概算定额的基础上编制的； （2）可作为编制估算指标的基础	
投资估算指标	独立的单项工程或完整的工程项目	在项目建议书和可行性研究阶段编制投资估算、计算投资需要量时使用的一种指标，是合理确定建设工程项目投资的基础	

➤ **注意：** 五种定额的编制顺序依次是“施工定额→预算定额→概算定额→概算指标→投资估算指标”，后者在前者的基础上进行编制；五种定额根据时间的先后，应用顺序是“投资估算指标→概算指标→概算定额→预算定额→施工定额”。其中，施工定额由人工定额（劳动定额）、材料消耗定额、机械台班使用定额所组成。

➤ **重点提示：**（1）理解并掌握建设工程定额的不同分类。

（2）重点掌握施工定额、预算定额、概算定额、概算指标、投资估算指标的编制依据和作用。

实战演练

［**2020 真题·单选**］施工定额的研究对象是（　　）。

A. 工序　　B. 分项工程

C. 分部工程　　D. 单位工程

[解析] 施工定额以工序作为研究对象，是建设工程定额中分项最细、定额子目最多的一种定额。

[答案] A

[经典例题·单选] 预算定额是编制概算定额的基础，是以（　　）为研究对象编制的定额。

A. 同一性质的施工过程　　B. 建筑物或构筑物各个分部分项工程

C. 扩大的分部分项工程　　D. 整个的建筑物和构筑物

[解析] 预算定额是以建筑物或构筑物各个分部分项工程为对象编制的定额。

[答案] B

考点 2 人工定额的编制

一、人工定额的编制方法

常用的人工定额编制方法见表 5-2-2。

表 5-2-2　常用的人工定额编制方法

编制方法	内容
技术测定法	测出各工序的工时消耗等资料，再对所获得的资料进行科学的分析，制定出人工定额的方法（测出）
统计分析法	把过去施工生产中的同类工程或同类产品的工时消耗的统计资料，与当前生产技术和施工组织条件的变化因素结合起来，进行统计分析的方法（对已有资料进行统计分析）
比较类推法	以同类型工序和同类型产品的实耗工时为标准，类推出相似项目定额水平的方法（同类型产品规格多、工序重复、工作量小）
经验估计法	根据实际工作经验，参考有关定额，作为一次性定额使用（相关人员实际工作经验，一次性）

二、人工定额的形式

人工定额的形式分为时间定额和产量定额，具体内容如下。

（一）时间定额

时间定额，指完成单位合格产品所必需的工作时间。以工日为单位，每一工日按 8 h 计算。

（二）产量定额

产量定额，指单位工日中所完成的合格产品的数量。

时间定额与产量定额的关系：互为倒数。即

$$时间定额=\frac{1}{产量定额}$$

$$产量定额=\frac{1}{时间定额}$$

第五章

➢ **重点提示：**（1）掌握时间定额与产量定额的关系：倒数关系。

（2）区分四种常用的人工定额编制方法，注意掌握表 5-2-2 中用波浪线标记的关键词。

实战演练

[**2019 真题·单选**] 编制人工定额时，为了提高编制效率，对于同类型产品规格多、工序重复、工作量小的施工过程，宜采用的编制方法是（　　）。

A. 技术测定法　　B. 统计分析法

C. 比较类推法　　D. 试验测定法

[**解析**] 比较类推法是指以同类型工序和同类型产品的实耗工时为标准，类推出相似项目定额水平的方法，可用于同类型产品规格多、工序重复、工作量小的施工过程。

[**答案**] C

考点 3 材料消耗定额的编制

编制材料消耗定额，主要包括确定直接使用在工程上的材料净用量和在施工现场内运输及操作过程中的不可避免的废料和损耗。

一、材料净用量的确定

材料净用量的确定方法见表 5-2-3。

表 5-2-3　材料净用量的确定方法

方法	适用条件
理论计算法	标准砖、砂浆用量的计算
测定法	根据试验情况和现场测定的资料数据确定
图纸计算法	根据选定的图纸计算
经验法	根据同类项目的经验进行估算

二、材料损耗量的确定

材料的损耗一般以损耗率表示。材料损耗率可以通过观察法或统计法计算确定。材料消耗量的计算公式如下：

$$损耗率=\frac{损耗量}{净用量}\times 100\%$$

$$总消耗量=净用量+损耗量=净用量\times（1+损耗率）$$

➢ **注意：** 损耗率等于损耗量除以净用量，而不是除以总消耗量。

三、周转性材料消耗定额的编制

周转性材料消耗一般与以下四个因素有关：

（1）第一次制造时的材料消耗（一次使用量）。

（2）每周转使用一次材料的损耗（第二次使用时需要补充）。

（3）周转使用次数。

（4）周转材料的最终回收及其回收折价。

第五章

定额中周转性材料消耗量，应当用一次使用量和摊销量两个指标表示。一次使用量是指周转材料在不重复使用时的一次使用量，供施工企业组织施工使用；摊销量是指周转材料退出使用时应分摊到每一计量单位的结构构件的周转材料消耗量，供施工企业成本核算或投标报价使用。

➤ **重点提示：**（1）掌握编制材料的消耗定额，主要包括材料净用量和不可避免的废料及损耗。

（2）区分材料净用量的四种确定方法。

（3）理解损耗率的计算公式。

（4）掌握影响周转性材料消耗的四个因素。

（5）掌握周转性材料消耗量指标：一次使用量和摊销量。

实战演练

[2019 真题 · 单选] 施工企业投标报价时，周转性材料消耗量应按（　　）计算。

A. 一次性使用量　　B. 摊销量　　C. 每次的补给量　　D. 损耗量

[解析] 定额中周转性材料消耗量，应当用一次使用量和摊销量两个指标表示。一次使用量是指周转材料在不重复使用时的一次使用量，供施工企业组织施工用。摊销量是指周转材料退出使用时应分摊到每一计量单位的结构构件的周转材料消耗量，供施工企业成本核算或投标报价使用。

[答案] B

[经典例题 · 单选] 关于周转性材料消耗定额编制的说法，正确的是（　　）。

A. 周转性材料的消耗量是指材料使用量

B. 周转性材料的消耗量应当用材料的一次使用量和摊销量两个指标表示

C. 周转性材料的摊销量供施工企业组织施工用

D. 周转性材料消耗与周转使用次数无关

[解析] 选项 A、D 错误，周转性材料消耗一般与以下四个因素有关：①第一次制造时的材料消耗（一次使用量）；②每周转使用一次材料的损耗（第二次使用时需要补充）；③周转使用次数；④周转材料的最终回收及其回收折价。选项 C 错误，一次使用量是指周转材料在不重复使用时的一次使用量，供施工企业组织施工用；摊销量是指周转材料退出使用，应分摊到每一计量单位的结构构件的周转材料消耗量，供施工企业成本核算或投标报价使用。

[名师点拨] 本题综合考查了影响周转性材料消耗的因素和周转性材料消耗量指标。对于影响周转性材料消耗的因素中“第一次制造时的材料消耗”和“每周转使用一次材料的损耗”，“第一次制造时的材料消耗”可以理解为施工企业在组织生产之前，预先需要定制一批模板，而这批模板就是“第一次制造时的材料消耗”，当模板使用完一次，可能有些损坏，需要补充新的模板，此时（第二次使用时）补充的模板，就是“每周转使用一次材料的损耗”。

[答案] B

考点 4 施工机械台班使用定额的编制

一、施工机械台班产量定额和时间定额的计算

施工机械台班产量定额＝机械净工作生产率×工作班延续时间×机械利用系数

$$施工机械台班时间定额=\frac{1}{施工机械台班产量定额}$$

二、工人小组定额时间的拟定

工人小组定额时间＝施工机械时间定额×工人小组人数

➢ **注意**：已知机械净工作生产率、机械利用系数、工人小组人数，求工人小组定额时间。

➢ **重点提示**：(1) 掌握施工机械台班产量定额和时间定额的计算公式。

(2) 掌握根据施工机械时间定额计算工人小组定额时间的公式。

(3) 掌握根据机械利用系数计算施工机械台班定额的方法。

实战演练

[**2016 真题·单选**] 斗容量为 1 m^3 的反铲挖土机，挖三类土，挖土深度在 2 m 以内，小组成员为 2 人，机械台班产量为 4.56（定额单位 100 m^3），则用该机械挖土 100 m^3 的人工时间定额为（　　）。

A. 0.22 工日　　B. 0.44 工日

C. 0.22 台班　　D. 0.44 台班

[**解析**] 根据公式，单位产品人工时间定额（工日）＝小组成员总人数/台班产量＝2/4.56≈0.44（工日）。

[**答案**] B

[**2020 真题·多选**] 下列机械消耗时间中，属于施工机械台班时间定额组成的有（　　）。

A. 不可避免的中断时间　　B. 机械故障的维修时间

C. 正常负荷下的工作时间　　D. 不可避免的无负荷工作时间

E. 降低负荷下的工作时间

[**解析**] 施工机械台班时间定额是指在合理劳动组织与合理使用机械条件下，完成单位合格产品所必需的工作时间，包括有效工作时间（正常负荷下的工作时间和有根据地降低负荷下的工作时间）、不可避免的中断时间、不可避免的无负荷工作时间。

[**答案**] ACD

第三节 施工成本计划

扫码听课

考点 1 施工成本计划的类型

对于一个施工项目而言，其成本计划的编制是一个不断深化的过程，在这一过程的不同阶段形成深度和作用不同的成本计划。施工成本计划按其作用可分为三类，见表 5-3-1。

表 5-3-1　施工成本计划的类型

类型	竞争性成本计划	指导性成本计划	实施性成本计划
编制阶段	投标及签订合同阶段	选派项目经理阶段	项目施工准备阶段
编制依据	招标文件中合同条件、投标者须知、技术规程、设计图纸、工程量清单等	合同价	施工方案、施工定额
属于何种成本计划	估算成本计划	预算成本计划	预算成本计划

考点 2　施工预算与施工图预算的区别

扫码听课

施工预算和施工图预算（“两算”）虽仅一字之差，但区别较大，见表 5-3-2。

表 5-3-2　施工预算与施工图预算的区别

类别	编制依据	适用范围	发挥作用
施工预算	施工定额	施工企业内部经营使用	编制实施性成本计划的主要依据
施工图预算	预算定额	社会使用	投标报价的主要依据

注：整体而言，施工预算的人、材、机消耗量及金额低于施工图预算。

➤ **重点提示：**（1）重点区分三种成本计划的编制阶段、编制依据。

（2）区分“两算”的相关内容。

实战演练

[经典例题·单选] 编制实施性成本计划的主要依据是（　　）。

A. 施工图预算　　B. 投资估算

C. 施工方案和施工定额　　D. 设计概算

[解析] 实施性成本计划是项目施工准备阶段的施工预算成本计划，以项目实施方案、施工定额为依据编制。

[答案] C

[经典例题·单选] 施工企业在工程投标及签订合同阶段编制的估算成本计划，属于（　　）成本计划。

A. 指导性　　B. 实施性

C. 作业性　　D. 竞争性

[解析] 竞争性成本计划是施工项目投标及签订合同阶段的估算成本计划。

[答案] D

[经典例题·单选] 关于施工预算、施工图预算的说法，正确的是（　　）。

A. 施工预算的编制以预算定额为依据，施工图预算的编制以施工定额为依据

B. “两算”对比的方法包括实物对比法

C. 一般情况下，施工图预算的人工数量及人工费比施工预算低

D. 一般情况下，施工图预算的材料消耗量及材料费比施工预算低

［解析］选项 A 错误，施工预算的编制以施工定额为主要依据，施工图预算的编制以预算定额为主要依据。选项 B 正确，“两算”对比的方法有实物对比法和金额对比法。选项 C 错误，施工预算的人工数量及人工费比施工图预算一般要低 6%左右。选项 D 错误，施工预算的材料消耗量及材料费一般低于施工图预算。

［答案］B

考点 3 施工成本计划的编制方法

扫码听课

施工成本计划的编制方法有以下三种：

（1）按成本构成编制施工成本计划。

（2）按项目组成编制施工成本计划。

（3）按工程实施阶段编制施工成本计划。

一、按成本构成编制施工成本计划的方法

建筑安装工程费按成本构成分解为人工费、材料费、施工机械使用费、企业管理费、利润、规费、税金，而需要编制成本计划的费用为人工费（人）、材料费（材）、施工机械使用费（机）、企业管理费（管）。

二、按项目组成编制施工成本计划的方法

（1）项目组成范围由大到小的排序：单项工程、单位工程、分部工程、分项工程。

（2）编制成本支出计划时，在总的方面考虑总的预备费，在主要的分项工程中安排不可预见费。

第五章

三、按工程实施阶段编制施工成本计划的方法

（1）在时标网络图上按月编制的成本计划，示例如图 5-3-1 所示。

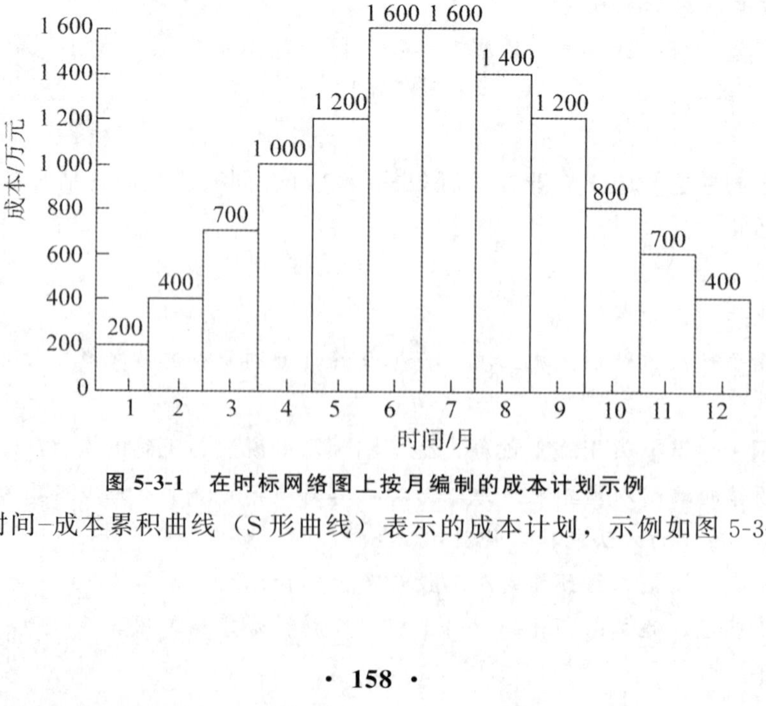

图 5-3-1 在时标网络图上按月编制的成本计划示例

（2）利用时间–成本累积曲线（S 形曲线）表示的成本计划，示例如图 5-3-2 所示。

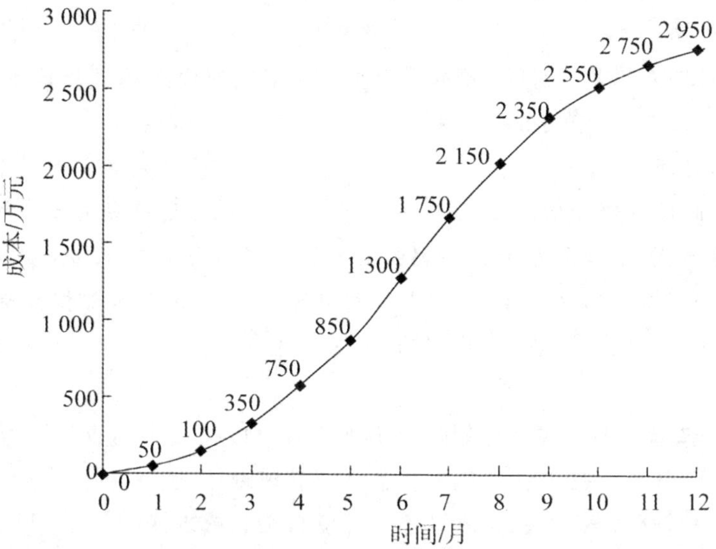

图 5-3-2 时间–成本累积曲线（S形曲线）表示的成本计划示例

时间–成本累积曲线（S形曲线）的绘制步骤如下：

①确定工程项目进度计划，编制进度计划的横道图。

②根据每单位时间内完成的实物工程量，计算单位时间的成本。

③计算在规定时间 t 内计划累计支出的成本额。

④按各规定时间的 Q_t 值，绘制 S 形曲线。Q_t 指的是在某时间 t 内计划累计支出的成本额。

（3）“香蕉图”。

每一条S形曲线都对应某一特定的工程进度计划。因为在进度计划的非关键路线中存在许多有时差的工序或工作，因而S形曲线（成本计划值曲线）必然包络在由全部工作都按最早开始时间开始和全部工作都按最迟必须开始时间开始的曲线所组成的“香蕉图”内。项目经理可根据编制的成本支出计划来合理安排资金，同时也可以根据筹措的资金来调整S形曲线，即通过调整非关键路线上的工序项目的最早或最迟开工时间，力争将实际的成本支出控制在计划的范围内。

①所有工作都按最早开始时间开始，对保证项目按期竣工有利，对节约资金贷款利息无利。

②所有工作都按最迟开始时间开始，对节约资金贷款利息有利，对保证项目按期竣工无利。

➢ **重点提示：**（1）掌握编制成本计划时，成本组成包括人、材、机、管四项费用。

（2）掌握项目组成范围从大到小的排列顺序：单项工程、单位工程、分部工程、分项工程。

（3）掌握编制成本支出计划时，在总的方面考虑总的预备费，在主要的分项工程中安排不可预见费。

（4）所有工作早开始：能保证工期，但利息高；所有工作晚开始：不能保证工期，但利息低。

实战演练

[2019 真题·单选] 采用时间–成本累积曲线法编制建设工程项目成本计划时，为了节约资金贷款利息，所有工作的时间值按（　　）确定。

A. 最早开始时间　　B. 最迟完成时间减干扰时差

C. 最早完成时间加自由时差　　D. 最迟开始时间

[解析] 采用时间–成本累积曲线法编制成本计划时，所有工作都按最早开始时间开始，对保证项目按期竣工有利，对节约资金贷款利息无利；所有工作都按最迟开始时间开始，对节约资金贷款利息有利，对保证项目按期竣工无利。

[答案] D

[经典例题·单选] 编制成本计划时，施工成本可以按成本构成分解为（　　）。

A. 人工费、材料费、施工机具使用费、企业管理费

B. 人工费、材料费、施工机具使用费、规费和企业管理费

C. 人工费、材料费、施工机具使用费、规费和间接费

D. 人工费、材料费、施工机具使用费、间接费、利润和税金

[解析] 施工成本可以按成本构成分解为人工费、材料费、施工机具使用费、企业管理费。

[答案] A

[经典例题·多选] 按施工进度编制施工成本计划时，若所有工作均按照最早开始时间安排，则对项目目标控制的影响有（　　）。

A. 工程按期竣工的保证率较高

B. 工程质量会更好

C. 有利于降低投资

D. 不利于节约资金贷款利息

E. 不能保证工程质量

[解析] 所有工作都按最早开始时间开始，对保证项目按期竣工有利，对节约资金贷款利息无利；所有工作都按最迟开始时间开始，对节约资金贷款利息有利，对保证项目按期竣工无利。

[答案] AD

第四节　施工成本控制

扫码听课

考点 1　赢得值法

赢得值法是对工程项目的费用和进度进行的综合分析控制。它通过三个基本参数和四个评价指标来进行分析控制，赢得值法的基本参数见表 5-4-1，赢得值法的评价指标见表 5-4-2。

表 5-4-1 赢得值法的基本参数

基本参数	计算公式
已完工作预算费用（BCWP）	已完工作预算费用 = $\sum$ 已完成工作量×预算单价
计划工作预算费用（BCWS）	计划工作预算费用 = $\sum$ 计划工作量×预算单价
已完工作实际费用（ACWP）	已完工作实际费用 = $\sum$ 已完成工作量×实际单价

表 5-4-2 赢得值法的评价指标

评价指标	计算公式	分析
费用偏差（CV） （绝对偏差）	$CV=BCWP-ACWP$	$CV<0$ 时，超支 $CV>0$ 时，节支
进度偏差（SV） （绝对偏差）	$SV=BCWP-BCWS$	$SV<0$ 时，进度延误 $SV>0$ 时，进度提前
费用绩效指数（CPI） （相对偏差）	$CPI=BCWP/ACWP$	$CPI<1$ 时，超支 $CPI>1$ 时，节支
进度绩效指数（SPI） （相对偏差）	$SPI=BCWP/BCWS$	$SPI<1$ 时，进度延误 $SPI>1$ 时，进度提前

CV、*SV* 属于绝对偏差，仅能用于同一项目的偏差分析；*CPI*、*SPI* 属于相对偏差，能用于同一项目和不同项目中的偏差分析。

假设 A、B 两个项目，项目 A 的总投资额为 100 万元，项目 B 的总投资额为 100 亿元。在某月计算 *BCWP* 分别为 10 万元和 100 万元，计算 *ACWP* 分别为 9 万元和 99 万元，则可以得出 A、B 两个项目的 *CV* 都等于 1 万元，通过 *CV* 相等不能得出哪个项目成本节约的程度大，但是通过计算 *CPI*，得 $CPI_A\approx1.11$，而 $CPI_B\approx1.01$，对比两个项目的 *CPI*，可知项目 A 成本节约的程度更大。因此，相对偏差能用于同一项目和不同项目中的偏差分析，而绝对偏差不能用于不同项目的偏差分析，仅能适用于同一项目不同周期的偏差分析。

➢ **重点提示：**（1）掌握“赢得值法”的计算方法。

（2）简记：四个评价指标中，大于号是好事，小于号是坏事。

（3）举例说明绝对偏差和相对偏差的作用。

实战演练

[2023 真题 · 单选] 某工程施工到 2022 年 12 月底，已完工作预算费用为 470 万元，已完工作实际费用为 540 万元，计划工作预算费用为 530 万元，采用赢得值法分析时，关于该工程此时费用偏差和进度偏差的说法，正确的是（　　）。

A. 费用超支 10 万元　　B. 费用超支 70 万元

C. 进度提前 60 万元　　D. 进度拖后 10 万元

[**解析**] 进度偏差=已完工作预算费用-计划工作预算费用=470-530=-60（万元），当进度偏差为负值时，表示进度延误。费用偏差=已完工作预算费用-已完工作实际费用=470-540=-70（万元），当费用偏差为负值时，即表示超支。

[**答案**] B

[**经典例题·单选**] 某分项工程某月计划工程量为 3 200 m^2，计划单价为 15 元/m^2；月底核定承包商实际完成工程量为 2 800 m^2，实际单价为 20 元/m^2，则该工程的已完工作实际费用（*ACWP*）为（　　）元。

A. 56 000　　B. 42 000

C. 48 000　　D. 64 000

[**解析**] 已完工作实际费用（*ACWP*）=已完成工作量×实际单价=2 800×20=56 000（元）。

[**答案**] A

考点 2 偏差分析的表达方法

偏差分析可以采用不同的表达方法，常用的有横道图法和曲线法。

一、横道图法

横道图法的特点：形象直观，一目了然，能够准确表达费用的绝对偏差，而且能直观地表明偏差的严重性，但反应信息量少，应用于较高管理层。

二、曲线法

曲线法的最理想状态：已完工作实际费用（*ACWP*）、计划工作预算费用（*BCWS*）、已完工作预算费用（*BCWP*）三条曲线靠得很近、平稳上升，表示项目按预定计划目标进行；三条曲线离散程度越大，说明问题越大。

➤ **重点提示：**重点掌握横道图法的特点。

实战演练

[**经典例题·单选**] 应用曲线法进行施工成本偏差分析时，已完工作实际费用曲线与已完工作预算费用曲线的竖向距离表示项目进展的（　　）。

A. 进度累计偏差

B. 进度局部偏差

C. 成本累计偏差

D. 成本局部偏差

[**解析**] 费用偏差（*CV*）=已完工作预算费用（*BCWP*）-已完工作实际费用（*ACWP*）。由于两项参数均以已完工作为计算基准，所以两项参数之差反映项目进展的费用偏差，并且曲线法反映的又是累计值，故两条曲线的竖向距离表示成本的累计偏差。

[**答案**] C

第五节　施工成本分析与管理绩效考核

考点 1　施工成本分析的依据

施工成本分析的依据包括：项目成本计划；项目成本核算资料；项目的会计核算、业务核算和统计核算资料。成本分析的主要依据是会计核算、业务核算和统计核算所提供的资料，见表 5-5-1。

表 5-5-1　成本分析的主要内容

依据	内容
会计核算	价值核算，为连续系统
业务核算	（1）范围广：可以对已经发生的、尚未发生、正在发生的经济活动进行核算； （2）目的：迅速取得资料
统计核算	（1）尺度宽：可以用货币、实物量、劳动量计量； （2）目的：预测发展趋势

➤ **重点提示：**（1）区分三种不同核算的特点：会计核算是连续系统，业务核算范围广，统计核算尺度宽。

（2）掌握业务核算和统计核算的目的。

实战演练

[**经典例题·单选**] 业务核算是施工成本分析的依据之一，其目的是（　　）。

A. 预测成本变化发展的趋势

B. 迅速取得资料，及时采取措施调整经济活动

C. 计算当前的实际成本水平

D. 记录企业的一切生产经营活动

[**解析**] 业务核算的目的在于迅速取得资料，以便在经济活动中及时采取措施进行调整。

[**答案**] B

考点 2　施工成本分析的方法

扫码听课

一、基本分析方法

施工成本的基本分析方法包括比较法、因素分析法、差额计算法、比率法等，如图 5-5-1所示。

第五章

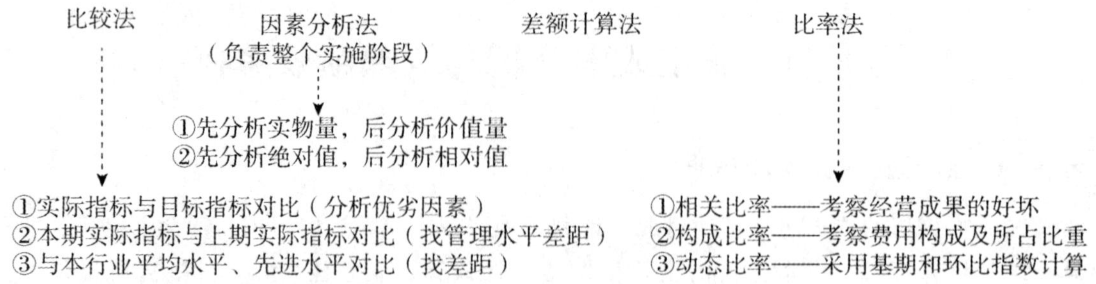

图 5-5-1　施工成本的基本分析法

下面主要介绍因素分析法和差额计算法。

（一）因素分析法

因素分析法又称连环置换法。这种方法用来分析各种因素对成本的影响程度。在分析之前，首先将各个因素根据分析顺序进行排序，原则是"先实物量，后价值量；先绝对值，后相对值"。因素分析法的分析步骤如下：

在分析过程中，首先计算目标成本，得到式一；然后在式一的基础上，假定只有实物量发生了变化，其他因素都不变，用实际实物量置换目标实物量，计算得出对应实际实物量的成本，得到式二；再在式二的基础上，假定只有价值量发生了变化，其他因素都不变，用实际单价置换目标单价，计算得出对应实际单价的成本，得到式三；再在式三的基础上，假定只有损耗率发生了变化，其他因素都不变，用实际损耗率置换目标损耗率，计算得出对应实际损耗率的成本，得到式四。然后用式二减式一即得到工程量变化对成本造成的影响，用式三减式二即得到单价变化对成本造成的影响，用式四减式三即得到损耗率变化对成本造成的影响。最终将各个因素造成的成本变化值求和，即为实际成本与目标成本的总体差异。

［例题］某商品混凝土目标成本与实际成本对比见表 5-5-2，关于其成本分析的说法，正确的有（　　）。

表 5-5-2　某商品混凝土目标成本与实际成本对比

项目	目标成本	实际成本
产量/m^3	600	640
单价/元	715	755
损耗/%	4	3

A. 产量增加使成本增加了 28 600 元

B. 实际成本与目标成本的差额是 51 536 元

C. 单价提高使成本增加了 26 624 元

D. 该商品混凝土目标成本是 497 696 元

E. 损耗率下降使成本减少了 4 832 元

［解析］目标成本＝600×715×1.04＝446 160（元）（式一）；"产量"为第一替代因素：640×715×1.04＝475 904（元）（式二）；"单价"为第二替代因素：640×755×1.04＝502 528（元）（式三）；"损耗率"为第三替代因素：640×755×1.03＝497 696（元）（式四）。"产量"

增加使成本增加了：475 904－446 160＝29 744（元）；“单价”增加使成本增加了：502 528－475 904＝26 624（元）；“损耗率”降低使成本变化了：497 696－502 528＝－4 832（元）。实际成本与目标成本的差额：（600×715×1.04）－（640×755×1.03）＝51 536（元）［或29 744＋26 624－4 832＝51 536（元）］。由上述计算可知答案为选项B、C、E。

➢ **注意：**总成本＝净量的成本＋损耗量的成本，所以总成本＝量×单价×（1＋损耗率）。

（二）差额计算法

差额计算法是因素分析法的一种简化形式，它是在熟练掌握因素分析法的前提之下，利用各个因素的目标值与实际值的差额来计算其对成本的影响程度。

仍以上题为例，产量增加对成本造成的影响为：（640－600）×715×1.04＝29 744（元），增加了29 744元；单价增加对成本造成的影响为：640×（755－715）×1.04＝26 624（元），增加了26 624元；损耗降低对成本造成的影响为：640×755×（1.03－1.04）＝－4 832（元），减少了4 832元。

➢ **重点提示：**（1）在“比较法”中区分三组不同指标对比的内容。

（2）因素分析法的内容必须掌握，每年必考。

（3）差额计算法是因素分析法的简化形式。

（4）区分“比率法”中三种不同的比率。

实战演练

［经典例题·单选］下列建设工程项目施工成本分析方法中，属于分析各种因素对成本影响程度的是（　　）。

A. 相关比率法
B. 比较分析法
C. 动态比率法
D. 连环置换法

［解析］因素分析法又称连环置换法，可用来分析各种因素对成本的影响程度。

［答案］D

［经典例题·单选］某施工项目某月的成本数据见表5-5-3，应用差额计算法得到预算成本增加对成本的影响是（　　）万元。

表5-5-3　某施工项目某月的成本数据

项目	计划成本	实际成本
预算成本/万元	600	640
成本降低率/%	4	5

A. 12.0
B. 8.0
C. 6.4
D. 1.6

［解析］利用差额计算法得：（640－600）×4%＝1.6（万元）。

［答案］D

［**2023 真题·多选**］施工成本分析可采用的基本方法有（　　）。

A. 专家意见法

B. 比较法

C. 比率法

D. 因素分析法

E. 差额计算法

［**解析**］施工成本分析的基本方法包括比较法、因素分析法、差额计算法、比率法等。

［**答案**］BCDE

二、综合成本的分析方法

综合成本的分析方法如图 5-5-2 所示。

- 分部分项工程成本分析 →
  - 施工成本分析的基础
  - 对已完分部工程进行分析
  - 分析方法："三算"（预算成本、目标成本、实际成本）对比
  - "三算"来源：投标报价、施工预算、实际任务单
  - 时间：从开工到竣工
- 月、季度成本分析 →
  - 实际成本与预算成本对比 → 分析当月、季的降低水平
  - 实际成本与目标成本对比 → 分析目标成本的落实情况
- 年度成本分析 →
  - 分析的依据：年度成本报表
  - 一年结算一次，不得转入下一年度
  - 重点：针对下一年施工进展情况，规划切实可行的成本管理措施
- 竣工成本综合分析 →
  - 竣工成本分析
  - 主要资源节超对比分析
  - 主要技术节约措施及经济效果分析

图 5-5-2　综合成本的分析方法

➢ **重点提示：**（1）掌握分部分项工程成本分析的时间、对象、方法。

（2）掌握年度成本分析的重点。

（3）竣工成本综合分析的内容，容易考查多选题。

实战演练

［**经典例题·单选**］分部分项工程成本分析的"三算"对比分析，是指（　　）的比较。

A. 概算成本、预算成本、决算成本

B. 预算成本、目标成本、实际成本

C. 月度成本、季度成本、年度成本

D. 预算成本、计划成本、目标成本

［**解析**］分部分项工程成本分析采用"三算"对比的方法，即将预算成本、目标成本和实际成本进行对比分析。

［**答案**］B

[经典例题·单选] 施工项目年度成本分析的重点是（　　）。

A. 通过实际成本与目标成本的对比，分析目标成本落实情况

B. 针对下一年度施工进展情况，规划切实可行的成本管理措施

C. 通过对技术组织措施执行效果的分析，寻求更加有效的节约途径

D. 通过实际成本与计划成本的对比，分析成本降低水平

[解析] 年度成本分析的重点是针对下一年度的施工进展情况，规划切实可行的成本管理措施，以保证施工项目成本目标的实现。

[答案] B

[经典例题·多选] 关于分部分项工程成本分析，下列说法正确的有（　　）。

A. 分部分项工程成本分析是施工项目成本分析的基础

B. 必须对施工项目所有的分部分项工程进行成本分析

C. 分部分项工程成本分析的方法是进行实际成本与目标成本的比较

D. 分部分项工程成本分析的对象为已完分部分项工程

E. 对主要的分部分项工程要做到从开工到竣工进行系统的成本分析

[解析] 选项B错误，对于主要的分部分项工程必须进行成本分析，而不是对所有项目。选项C错误，分部分项工程成本分析的方法是进行预算成本、目标成本和实际成本的“三算”对比。

[答案] ADE

[经典例题·多选] 单位工程竣工成本分析的内容包括（　　）。

A. 专项成本分析

B. 竣工成本分析

C. 成本总量构成比例分析

D. 主要资源节超对比分析

E. 主要技术节约措施及经济效果分析

[解析] 单位工程竣工成本分析应包括以下三方面内容：①竣工成本分析；②主要资源节超对比分析；③主要技术节约措施及经济效果分析。

[答案] BDE

三、成本项目分析

成本项目分析包括人工费、材料费、机械使用费、管理费的分析，如图5-5-3所示。

人工费分析　　材料费分析　　机械使用费分析　　管理费分析

材料费分析 ↓
- ①主要材料、构配件和周转材料使用费分析；
- ②采购保管费分析；
- ③材料储备金分析（根据日平均用量、材料单价、储备天数计算）

机械使用费分析 ↓
- ①按完成产量计算：如土方工程；
- ②按使用时间计算：如塔吊、搅拌机等

图 5-5-3　成本项目分析

➢ **重点提示：** 重点掌握材料费分析的三方面内容。

实战演练

[经典例题·单选] 下列成本项目的分析中，属于材料费分析的是（　　）。

A. 分析材料节约奖对劳务分包合同的影响

B. 分析材料储备天数对材料储备金的影响

C. 分析施工机械燃料消耗量对施工成本的影响

D. 分析材料检验试验费占企业管理费的比重

[解析] 材料费分析包括主要材料、结构件和周转材料使用费分析、采购保管费分析和材料储备资金分析。其中，影响材料储备金的因素有日平均用量、材料单价和储备天数。所以选项B符合题意。

[答案] B

四、专项成本分析

专项成本分析包括成本盈亏异常分析、工期成本分析、资金成本分析，具体内容如图5-5-4所示。

成本盈亏异常分析 ---->
- （1）产值、任务单实际工程量、形象进度是否三同步；
- （2）资源消耗与任务单实耗的人、料、机是否同步；
- （3）其他费用（超高价）产值统计与实际支付是否同步；
- （4）预算成本与产值统计是否同步；
- （5）实际成本与资源消耗是否同步

工期成本分析 ---->
- 一般采用比较法、因素分析法、
- 计划工期成本与实际工期成本比较法

资金成本分析 ----> 资金与成本的关系是指工程收入与成本支出的关系，通常指对“成本支出率”的分析。成本支出率=实际成本支出/实际工程款收入×100%

图 5-5-4　专项成本分析

➢ **重点提示：**（1）重点掌握专项成本分析的三种方法，容易考查多选题。

（2）理解成本支出率的计算公式。

实战演练

[经典例题·单选] 在建设工程项目施工成本分析中，成本盈亏异常分析属于（　　）方法。

A. 因素分析

B. 综合成本分析

C. 专项成本分析

D. 成本项目分析

[解析] 专项成本分析包括成本盈亏异常分析、工期成本分析、资金成本分析。

[答案] C

[经典例题·单选] 某项目在进行资金成本分析时，其计算期实际工程款收入为220万元，计算期实际成本支出为119万元，计划工期成本为150万元，则该项目成本支出率为（ ）。

A. 30.69％　　B. 54.09％

C. 68.18％　　D. 79.33％

[解析] 进行资金成本分析通常应用“成本支出率”指标，即成本支出占工程款收入的比例，计算公式为：成本支出率＝计算期实际成本支出/计算期实际工程款收入×100％，即119/220×100％≈54.09％。

[答案] B

第六章

施工安全管理

名师导学

本章包括“职业健康安全管理体系”“施工生产危险源与安全管理制度”“专项施工方案及施工安全技术管理”“施工安全事故应急预案和调查处理”四节内容。第一节、第二节理论性较强，重在理解；第三节、第四节为本章重点内容，考试所占分值较高，实操性较强，在学习过程中要注意理论与实际相结合，应重点掌握。

第一节　职业健康安全管理体系

考点 1　职业健康安全管理体系与环境管理体系的建立和维持手段

一、职业健康安全管理体系与环境管理体系的建立步骤

（1）领导决策。

（2）成立工作组。

（3）人员培训。

（4）初始状态评审（为制定方针、目标提供依据）。

（5）制定方针、目标、指标和管理方案。

（6）管理体系的策划与设计（筹划目标、管理方案的运行程序）。

（7）体系文件的编写。

（8）文件的审查、审批和发布。

其中，体系文件包括管理手册、程序文件、作业文件三个层次。体系文件的编写应遵循“标准要求的要写到、文件写到的要做到、做到的要有有效记录”的原则。

①管理手册是纲领性文件。

②程序文件是支持性文件：谁做（Who），什么时间做（When），在什么地点做（Where），做什么（What），怎么做（How）。

③作业文件：一般包括作业指导书（操作规程）、管理规定、监测活动准则及程序文件引用的表格。

➤ **注意：** 质量管理体系文件、职业健康安全管理体系与环境管理体系文件构成的区别，具体见表 6-1-1。

表 6-1-1　质量管理体系文件、职业健康安全管理体系与环境管理体系文件构成的区别

体系文件	文件构成
质量管理体系	质量手册、程序文件、质量计划、质量记录
职业健康安全管理体系与环境管理体系	管理手册、程序文件、作业文件［作业指导书（操作规程）、管理规定、监测活动准则及程序文件引用的表格］

实战演练

［2016 真题 · 多选］ 职业健康安全与环境管理体系的作业文件一般包括（　　）。

A. 作业指导书　　B. 监测活动准则

C. 程序文件引用的表格　　D. 管理规定

E. 绩效报告

［解析］ 作业文件一般包括作业指导书（操作规程）、管理规定、监测活动准则及程序文件引用的表格。

［答案］ ABCD

二、职业健康安全管理体系与环境管理体系的维持手段

（1）内部审核：由自身的管理体系进行的审核，自我保证和自我监督。

（2）管理评审：施工企业的最高管理者对管理体系的系统评价。

（3）合规性评价：分为公司级和项目组级。公司级评价每年进行一次；项目组级评价每半年不少于一次。

➢ **重点提示：**区分三种管理体系维持手段。

实战演练

［2018 真题 · 单选］关于职业健康安全管理体系与环境管理体系中管理评审的说法，正确的是（　　）。

A. 管理评审是施工企业接受政府监督的一种机制

B. 管理评审是施工企业最高管理者对管理体系的系统评价

C. 管理评审是管理体系自我保证和自我监督的一种机制

D. 管理评审是对管理体系运行中执行相关法律情况进行的评价

［解析］管理评审是由施工企业的最高管理者对管理体系的系统评价，判断企业的管理体系面对内部情况的变化和外部环境是否充分适应有效，由此决定是否对管理体系做出调整，包括方针、目标、机构和程序等。

［答案］B

考点 2　施工职业健康安全管理和环境管理的目的和要求

一、施工职业健康安全管理的目的

防止和减少生产安全事故、保护产品生产者的健康与安全、保障人民群众的生命和财产免受损失；控制影响工作场所内员工、临时工作人员、合同方人员、访问者和其他有关部门人员健康和安全的条件和因素；考虑和避免因管理不当对员工健康和安全造成的危害。

实战演练

［经典例题 · 多选］对于建设工程项目，施工职业健康安全管理的目的有（　　）。

A. 保证建设工程成本和质量目标的实现

B. 防止和减少生产安全事故

C. 直接获得经济效益，提高企业盈利能力

D. 控制影响工作场所内访问者和其他有关部门人员健康和安全的条件和因素

E. 考虑和避免因管理不当对员工健康造成的危害

［解析］对于建设工程项目，施工职业健康安全管理的目的是防止和减少生产安全事故、保护产品生产者的健康与安全、保障人民群众的生命和财产免受损失；控制影响工作场所内员工、临时工作人员、合同方人员、访问者和其他有关部门人员健康和安全的条件和因素；考虑和避免因管理不当对员工健康和安全造成的危害。

［答案］BDE

二、施工职业健康安全管理的基本要求

（1）坚持“安全第一、预防为主和防治结合”的方针。

（2）施工企业在其经营生产的活动中必须对本企业的安全生产负全面责任。企业的法定代表人是安全生产的第一负责人，项目经理是施工项目生产的主要负责人。取得安全生产许可证的施工企业应设立安全生产管理机构，配备专职安全员。

（3）在工程设计阶段，按照标准及相关规定进行设计，并对防范生产安全事故提出指导性意见，对保障作业人员安全和预防事故提出措施和建议。

（4）在工程施工阶段，施工企业应根据风险预防要求和项目的特点，制定职业健康安全生产技术措施计划。

（5）建设工程实行总承包的，由总包单位对施工现场的安全生产负总责并自行完成工程主体结构的施工。由于分包不服从管理发生事故的，分包承担主要责任，总包承担连带责任。

（6）施工企业必须为从事危险作业的人员办理意外伤害险。

（7）工程施工职业健康安全管理应遵循下列程序：

①识别并评价危险源及风险。

②确定职业健康安全目标。

③编制并实施项目职业健康安全技术措施计划。

④验证职业健康安全技术措施计划实施结果。

⑤持续改进相关措施和绩效。

➤ **重点提示：**（1）企业的法定代表人是安全生产的第一负责人，项目经理是施工项目生产的主要负责人。

（2）总包对分包承担连带责任。

实战演练

［2019 真题·单选］工程施工职业健康安全管理工作包括：①确定职业健康安全目标；②识别并评价危险源及风险；③持续改进相关措施和绩效；④编制技术措施计划；⑤措施计划实施结果验证。正确的程序是（　　）。

A. ①②④⑤③　　　　B. ①②⑤④③

C. ②①④⑤③　　　　D. ②①④③⑤

［解析］工程施工职业健康安全管理应遵循下列程序：①识别并评价危险源及风险；②确定职业健康安全目标；③编制并实施项目职业健康安全技术措施计划；④验证职业健康安全技术措施计划实施结果；⑤持续改进相关措施和绩效。

［答案］C

［2017 真题·多选］根据《建设工程安全生产管理条例》和《职业健康安全管理体系》（GB/T 28000—2011）标准，建设工程对施工职业健康安全管理的基本要求包括（　　）。

A. 工程设计阶段，设计单位应制定职业健康安全生产技术措施计划

B. 工程施工阶段，施工企业应制定职业健康安全生产技术措施计划

C. 施工企业在其经营生产的活动中必须对本企业的安全生产负全面责任

D. 实行总承包的建设工程，由总承包单位对施工现场的安全生产负总责

E. 实行总承包的建设工程，分包单位应当接受总承包单位的安全生产管理

［解析］在工程设计阶段，按照标准及相关规定进行设计，并对防范生产安全事故提出指导性意见，对保障作业人员安全和预防事故提出措施和建议；在工程施工阶段，施工企业应根据风险预防要求和项目的特点，制定职业健康安全生产技术措施计划；建设工程实行总承包的，由总包单位对施工现场的安全生产负总责并自行完成工程主体结构的施工，分包单位应当接受总包单位的安全生产管理，分包合同中应当明确各自的安全生产方面的权利、义务。施工企业在其经营生产的活动中必须对本企业的安全生产负全面责任。

［答案］BCDE

三、环境管理的目的

保护生态环境，使社会的经济发展与人类的生存环境相协调。

四、环境管理的要求

（1）建筑材料和装修材料必须符合国家相关标准。

（2）建设工程项目中防治污染的设施，必须与主体工程同时设计、同时施工、同时投产使用——“三同时”。防治污染的设施须经环境保护行政主管部门验收合格后方可使用。

（3）尽量减少建设工程施工所产生的噪声对周围生活环境的影响。

（4）应采取生态保护措施，有效预防和控制生态破坏。

（5）禁止引进不符合我国环境保护规定的技术和设备。

（6）任何单位不得将产生重污染的生产设备转移给没有污染防治能力的单位使用。

五、施工安全隐患的处理原则

（1）冗余安全度处理原则。

（2）单项隐患综合处理原则。

（3）直接隐患与间接隐患并治原则。

（4）预防与减灾并重处理原则。

（5）重点处理原则。

（6）动态处理原则。

➢ **重点提示：** 重点掌握隐患处理原则涉及的实例：冗余安全度处理原则——坑；单项隐患综合处理原则——触电；直接隐患与间接隐患并治原则——治理人机环境和安全措施；重点处理原则——分级处理；动态处理原则——避免小隐患变大隐患。

实战演练

［**2016 真题·单选**］某施工现场发生触电事故后，对现场人员进行了安全用电操作教育，并在现场设置了漏电开关，还对配电箱、电路进行了防护改造，这体现了施工安全隐患处理的（　　）原则。

A. 冗余安全度处理　　　　B. 预防与减灾并重处理

C. 直接隐患与间接隐患并治　　　　D. 单项隐患综合处理

［解析］单项隐患综合处理原则要求，施工中任一环节的隐患问题需综合、多角度处理。例如某工地发生触电事故，不仅要对现场人员进行安全用电操作教育，还要对漏电开关、配电箱、用电电路等进行防护改造。

［答案］D

［经典例题·单选］某工程施工期间，安全人员发现作业区内有一处电缆井盖遗失，随即在现场设置防护栏及警示牌，并设照明及夜间警示红灯。这是建设安全事故隐患处理中(　　)原则的具体体现。

A. 动态处理　　B. 单项隐患综合处理

C. 冗余安全度处理　　D. 直接隐患与间接隐患并治

［解析］冗余安全度处理原则要求，在处理安全隐患时应考虑设置多道防线，以防有的防线不起作用时，还有其他防线可以控制事故隐患。例如：工作区有一处电缆井盖遗失，在现场既要设防护栏及警示牌，又要设照明及夜间警示红灯，以确保安全。

［答案］C

考点 3　施工安全生产管理

一、安全生产责任制度

（1）安全生产责任制是最基本的安全管理制度，是所有安全生产管理制度的核心。

（2）建筑面积在 1 万 m^2 以下：至少配备 1 名专职安全人员；建筑面积在 1 万 m^2 以上 5 万 m^2 以下：配备 2～3 名专职安全人员；建筑面积在 5 万 m^2 以上：需按不同专业组成安全管理组进行安全监督检查。

二、安全生产许可证制度

安全生产许可证有效期为 3 年，需要延期的，要在期满 3 个月前办理延期手续。有效期内未发生死亡事故的，经原发证机关同意，不再审查，有效期可延期 3 年。企业不得转让、冒用或伪造安全生产许可证。

➢ **注意：**安全生产许可证与施工许可证的区别，见表 6-1-2。

表 6-1-2　安全生产许可证与施工许可证的区别

类别	办理单位	对象	有效期
安全生产许可证	施工企业	企业	3 年
施工许可证	建设单位	项目	一次性

三、安全生产教育培训制度

（1）安全生产教育培训一般包括对管理人员、特种作业人员和企业员工的安全教育。

（2）特种作业人员应具备的条件：①年满 18 周岁且不超过国家法定退休年龄；②身体健康；③具有初中及以上文化程度；④具备必要的安全技术知识和技能；⑤相应特种作业规定的其他条件（危险化学品特种人员具有高中以上文化程度）。

对特种作业人员的安全教育应注意以下三点：①上岗前教育培训；②取得操作证后准许

第六章

独立作业；③特种作业操作证每3年复审一次，但有效期内连续从事本工种10年以上且一切正常者，复审周期可延长至每6年一次。

(3) 企业员工的安全教育主要包括上岗前的三级安全教育、改变工艺和变换岗位安全教育、经常性安全教育三种形式。企业新上岗的从业人员，岗前培训的时间不得少于24学时。

①三级安全教育指的是进厂、进车间、进班组三个阶段的教育。具体指：企业（公司）、项目（工区、工程处、施工队）、班组三级。

a. 企业级安全教育由企业主管领导负责。

b. 项目级安全教育由项目级负责人组织实施。

c. 班组级安全教育由班组长组织实施。

②改变工艺和变换岗位安全教育。因放长假离岗一年以上重新上岗的情况，企业必须进行相应的安全技术培训和教育。

③经常性安全教育。经常性安全教育中，安全思想、安全态度教育最重要。

经常性安全教育的形式包括：每天的班前、班后会上说明安全注意事项；安全活动日；安全生产会议；事故现场会；张贴安全生产招贴画、宣传标语及标志等。

四、安全措施计划制度

安全措施计划的编制步骤：工作活动分类→危险源识别→风险确定→风险评价→制定安全技术措施计划评价→安全技术措施计划的充分性分析。

五、特种作业人员持证上岗制度

特种作业人员必须经过专门的安全作业培训，并取得特种作业操作资格证书后，方可上岗作业。

离开特种作业岗位达6个月以上的特种作业人员，应当重新进行实际操作考核，经确认合格后方可上岗作业。

六、专项施工方案专家论证制度

达到一定规模的危险性较大的分部分项工程应编制专项施工方案，并附具安全验算结果，经施工单位技术负责人、总监理工程师签字后实施，由专职安全生产管理人员进行现场监督。

涉及深基坑、地下暗挖、高大模板工程的专项施工方案，施工单位还应当组织专家进行论证、审查。

七、施工起重机械使用登记制度

《建设工程安全生产管理条例》（国务院令第393号）第三十五条规定：“施工单位应当自施工起重机械和整体提升脚手架、模板等自升式架设设施验收合格之日起30日内，向建设行政主管部门或者其他有关部门登记。”

八、安全检查制度

(1) 安全检查的内容包括查思想、查管理、查隐患、查整改、查伤亡事故处理等。重点是检查“三违”（违章指挥、违规作业和违反劳动纪律）和安全责任制的落实。

（2）安全隐患的处理程序：登记→整改→复查→销案。

九、生产安全事故报告和调查处理制度

发生事故后，事故现场有关人员应当立即报告本单位负责人，本单位负责人立即上报监督管理有关部门。特种设备发生事故时，还应当同时向特种设备安全监督管理部门报告。

十、“三同时”制度

“三同时”是指安全生产设施必须与主体工程同时设计、同时施工、同时投入生产和使用。安全设施投资应当纳入建设项目预算。

十一、工伤和意外伤害保险制度

工伤保险属于法定的强制性保险。

根据《中华人民共和国建筑法》，为从事危险作业的职工投保意外伤害险并非强制性规定，是否投保由建筑施工企业自主决定。

➢ **重点提示：**重点掌握特种作业人员应具备的条件、三级安全教育、专项施工方案专家论证制度、“三同时”制度的内容。

实战演练

［**2016 真题·单选**］根据《建设工程安全生产管理条例》，施工单位对达到一定规模的危险性较大的分部分项工程编制专项施工方案，经施工单位技术负责人和（　　）签字后实施。

A. 项目经理

B. 总监理工程师

C. 项目技术负责人

D. 建设单位项目负责人

［**解析**］根据《建设工程安全生产管理条例》（国务院令第 393 号），施工单位应当在施工组织设计中编制安全技术措施和施工现场临时用电方案，对达到一定规模的危险性较大的分部分项工程编制专项施工方案，并附具安全验算结果，经施工单位技术负责人、总监理工程师签字后实施。

［**答案**］B

［**经典例题·单选**］根据《建筑法》，建筑施工企业可以自主决定是否投保的险种是（　　）。

A. 意外伤害保险　　B. 基本医疗保险

C. 工伤保险　　D. 失业保险

［**解析**］根据《建筑法》，为从事危险作业的职工投保意外伤害险并非强制性规定，是否投保意外伤害险由建筑施工企业自主决定。

［**答案**］A

[经典例题·单选] 关于施工中一般特种作业人员应具备条件的说法，正确的是(　　)。

A. 年满16周岁，且不超过国家法定退休年龄

B. 必须为男性

C. 连续从事本工种10年以上

D. 具有初中及以上文化程度

[解析] 特种作业人员应具备的条件有：①年满18周岁且不超过国家法定退休年龄；②经社区或者县级以上医疗机构体检健康合格，并无妨碍从事相应特种作业的器质性心脏病、癫痫病、美尼尔氏症、眩晕症、癔症、震颤麻痹症、精神病、痴呆症以及其他疾病和生理缺陷（即身体健康）；③具有初中及以上文化程度；④具备必要的安全技术知识与技能；⑤相应特种作业规定的其他条件。

[答案] D

[经典例题·单选] 施工企业安全检查制度中，安全检查的重点是检查“三违”和(　　)的落实。

A. 施工起重机械的使用登记制度

B. 安全责任制

C. 现场人员的安全教育制度

D. 专项施工方案专家论证制度

[解析] 安全检查的重点是检查“三违”和安全责任制的落实。

[答案] B

[经典例题·多选] 建设工程生产安全检查的主要内容包括(　　)。

A. 查管理

B. 查思想

C. 查危险源

D. 查隐患

E. 查整改

[解析] 安全检查的主要内容包括查思想、查管理、查隐患、查整改、查伤亡事故处理等。

[答案] ABDE

第二节　施工生产危险源与安全管理制度

考点1　危险源的分类

危险源一般可分为两类：

一类是能量或有害物质所构成的第一类危险源，行驶车辆具有的动能、高处重物具有的势能以及电能等，都属于第一类危险源，是导致事故的根源。

另一类是包括人的不安全行为或物的不安全状态以及监管缺陷等在内的第二类危险源。第二类危险源是防控屏障上那些影响其作用发挥的缺陷或漏洞，正是这些缺陷或漏洞致使约束能量或有害物质的屏障失效，导致能量或有害物质的失控，从而造成事故发生。

例如，煤气罐中的煤气就是第一类危险源，它的失控可能会导致火灾、爆炸或煤气中

毒；煤气的罐体及其附件的缺陷以及使用者的违章操作等则为第二类危险源，因为正是这些问题导致了煤气罐中的煤气泄漏而引发事故。不同类危险源定义及意义见表 6-2-1。

表 6-2-1　不同类危险源定义及意义

类别	定义	意义	图示
第一类危险源	生产过程中存在的，可能意外释放的能量，包括生产过程中各种能量源、能量载体或危险物质	决定了事故后果的严重程度，所具有的能量越多，发生事故的后果越严重	 炸药、原油储罐
第二类危险源	导致能量或危险物质约束或限制措施破坏或失效的各种因素。广义上包括物的故障、人的失误、环境不良以及管理缺陷等因素	决定了事故发生的可能性，它出现越频繁，发生事故的可能性越大	 人的失误、物的故障、环境不良

考点 2　危险源的识别方法

危险源的识别方法常用的有专家调查法和安全检查表法。

（1）专家调查法。优点是简便、易行，缺点是受专家知识、经验和占有资料的限制，可能出现遗漏。常用的有头脑风暴法和德尔菲法。

（2）安全检查表（SCL）法。安全检查表是实施安全检查和诊断项目的明细表，可以用“是”“否”回答或用“√”“×”进行判断。优点：简单易懂、容易掌握，缺点是只能做出定性的评价。

考点 3　风险控制方法

针对第一类危险源的风险控制方法：消除危险源、限制能量和隔离危险物质、个体防护、应急救援。

针对第二类危险源的风险控制方法：提高各类设施的可靠性，增加安全系数，设置安全监控系统，改善作业环境。最重要的是加强员工的安全意识培训和教育、克服不良的操作习惯。

➤ **重点提示：**（1）第一类危险源——如炸药；第二类危险源——人的不安全行为、物的不安全状态。

（2）掌握危险源识别的方法。

（3）理解针对不同危险源的控制方法。

实战演练

[经典例题·单选] 下列危险源识别方法中，属于专家调查法的是(　　)。

A. 安全检查表法　　B. 头脑风暴法和德尔菲法

C. 头脑风暴法和安全检查表法　　D. 安全检查表法和德尔菲法

[解析] 危险源的识别方法常用的有专家调查法和安全检查表法。其中，专家调查法是指通过咨询有关方面的专家，来识别、分析和评价危险源，常用的有头脑风暴法和德尔菲法。

[答案] B

第三节　专项施工方案及施工安全技术管理

考点 1 专项施工方案编制与报审

一、专项施工方案编制对象

《建设工程安全生产管理条例》规定，对下列达到一定规模的危险性较大的分部分项工程，施工单位应编制专项施工方案，并附具安全验算结果，经施工单位技术负责人、总监理工程师签字后实施，由专职安全生产管理人员进行现场监督：基坑支护与降水工程，土方开挖工程，模板工程，起重吊装工程，脚手架工程，拆除、爆破工程，以及国务院建设行政主管部门或者其他有关部门规定的其他危险性较大的工程。

上述工程中涉及深基坑、地下暗挖工程、高大模板工程的专项施工方案，施工单位还应当组织专家进行论证、审查。

二、专项施工方案内容

专项施工方案的主要内容见表 6-3-1。

表 6-3-1　专项施工方案的主要内容

项目	主要内容
工程概况	危险性较大的分部分项工程概况和特点、施工平面布置、施工要求和技术保证条件
编制依据	相关法律、法规、规范性文件、标准、规范及施工图设计文件、施工组织设计等
施工计划	施工进度计划、材料与设备计划
施工工艺技术	技术参数、工艺流程、施工方法、操作要求、检查要求等
施工安全保证措施	组织保障措施、技术措施、监测监控措施等
施工管理及作业人员配备和分工	施工管理人员、专职安全生产管理人员、特种作业人员、其他作业人员等
验收要求	验收标准、验收程序、验收内容、验收人员等
应急处置措施	—
计算书及相关施工图纸	—

第六章

三、专项施工方案编制和审查程序

（一）专项施工方案编制

（1）施工单位应在危险性较大的分部分项工程施工前，组织工程技术人员编制专项施工方案。

（2）危险性较大的分部分项工程实行分包的，专项施工方案可由相关专业分包单位组织编制。

（3）实行施工总承包的，专项施工方案应由施工总承包单位组织编制。

（二）专项施工方案专家论证

专家论证的主要内容应包括：

（1）专项施工方案内容是否完整、可行。

（2）专项施工方案计算书和验算依据、施工图是否符合有关标准规范。

（3）专项施工方案是否满足现场实际情况，并能够确保施工安全。

专家论证会后，应形成论证报告，对专项施工方案提出通过（施工单位可参考专家意见自行修改完善）、修改后通过（专家意见要明确具体修改内容，施工单位应按照专家意见进行修改，修改情况应及时告知专家）或者不通过（施工单位修改后应按照规定的要求重新组织专家论证）的一致意见。专家对论证报告负责并签字确认。

（三）专项施工方案的审批

专项施工方案应由施工单位技术负责人审核签字、加盖单位公章，并由总监理工程师审查签字、加盖执业印章后方可实施。

危险性较大的分部分项工程实行分包并由分包单位编制专项施工方案的，专项施工方案应由总承包单位技术负责人及分包单位技术负责人共同审核签字并加盖单位公章。

考点 2　施工安全技术措施及安全技术交底

一、施工安全技术措施

施工安全技术措施见表 6-3-2。

表 6-3-2　施工安全技术措施

类型		技术措施
防高处坠落	临边作业防坠落	坠落高度基准面 2 m 及以上进行临边作业时，应在临空一侧设置防护栏杆，并应采用密目式安全立网或工具式栏板封闭
	洞口作业防坠落	（1）当竖向洞口短边边长小于 500 mm 时，应采取封堵措施；当垂直洞口短边边长大于等于 500 mm 时，应在临空一侧设置高度不小于 1.2 m 的防护栏杆，并应采用密目式安全立网或工具式栏板封闭，设置挡脚板； （2）当非竖向洞口短边边长为 25～500 mm 时，应采用承载力满足使用要求的盖板覆盖，盖板四周搁置应均衡，且应防止盖板移位； （3）当非竖向洞口短边边长为 500～1 500 mm 时，应采用盖板覆盖或防护栏杆等措施，并应固定牢固； （4）当非竖向洞口短边边长大于等于 1 500 mm 时，应在洞口作业侧设置高度不小于 1.2 m 的防护栏杆，洞口应采用安全平网封闭

续表

<table>
<tr><th colspan="2">类型</th><th>技术措施</th></tr>
<tr><td rowspan="3">防高处坠落</td><td>攀登作业防坠落</td><td>(1) 当采用梯子攀爬时，踏面荷载不应大于 1.1 kN；
(2) 同一梯子上不得两人同时作业；
(3) 使用单梯时梯面应与水平面成 75°夹角，踏步不得缺失，梯格间距宜为 300 mm，不得垫高使用；
(4) 使用固定式直梯攀登作业时，当攀登高度超过 3 m 时，宜加设护笼；当攀登高度超过 8 m 时，应设置梯间平台；
(5) 采用斜道时，应加设间距不大于 400 mm 的防滑条等防滑措施；作业人员严禁沿坑壁、支撑或乘运土工具上下</td></tr>
<tr><td>悬空作业防坠落</td><td>(1) 悬空作业所使用的吊篮、平台、脚手板及索具等应经技术鉴定或验证后才可使用；
(2) 搭设脚手架进行操作时，脚手架应牢固，外侧应设安全网；
(3) 悬空作业的人员必须系好安全带</td></tr>
<tr><td>交叉作业</td><td>(1) 交叉作业时，下层作业位置应处于上层作业的坠落半径之外，高空作业坠落半径应按规范要求确定；安全防护棚和警戒隔离区范围的设置应视上层作业高度确定，并应大于坠落半径；
(2) 处于起重机臂架回转范围内的通道，应搭设安全防护棚；
(3) 不得在安全防护棚棚顶堆放物料</td></tr>
<tr><td rowspan="2">防物体打击</td><td>防物体坠落或飞溅</td><td>(1) 脚手架：施工层应设有 1.2 m 高防护栏杆和 18～20 cm 高挡脚板；脚手架外侧设置密目式安全网；
(2) 材料在规定位置堆放整齐，做到工完场清；
(3) 运送易滑的钢材，绳结必须系牢；
(4) 深坑、槽施工：四周边沿在设计规定范围内，禁止堆放模板、架料、材料；
(5) 工具袋（箱）：上下传递物件禁止抛掷；
(6) 防飞溅物伤人：圆盘锯上必须设置分割刀和防护罩，防止锯下木料被锯齿弹飞伤人；
(7) 拆除工程：拆下的材料要及时清理运走，散碎材料应用溜槽顺槽溜下；
(8) 现场清理：集中放在斗车或桶内，及时吊运地面，严禁向外抛掷</td></tr>
<tr><td>防护措施</td><td>(1) 防护棚：施工工程邻近必须通行的道路上方和施工工程出入口处上方，均应搭设坚固、密封的防护棚；
(2) 防护隔离层：垂直交叉作业时，必须设置有效的隔离层，防止坠落物伤人；
(3) 设置防护栏杆，起重机械和桩机机械下不准站人或穿行；
(4) 佩戴安全帽</td></tr>
<tr><td colspan="2">防坍塌倾覆</td><td>(1) 编制施工方案；
(2) 实施施工监测；
(3) 采取排水降水措施；
(4) 做好基坑支护；
(5) 保证临边堆码及施工作业安全距离；
(6) 按顺序组织施工；
(7) 防止地面水侵蚀；
(8) 按规范搭设模板支撑系统，控制施工荷载；
(9) 采取措施保证起重等设备自身安全；
(10) 施工现场使用的组装式活动房屋应有产品合格证；
(11) 采取临时加固和防护措施</td></tr>
</table>

续表

类型		技术措施
防机械伤害	机械本体安全	(1) 机械必须按出厂使用说明书规定的技术性能、承载能力和使用条件进行正确操作，合理使用，严禁超载、超速作业或任意扩大使用范围； (2) 局部照明应采用安全电压，禁止使用 110 V 或 220 V 的电压； (3) 变配电所、乙炔站、氧气站、空气压缩机房、发电机房、锅炉房等易燃易爆场所，挖掘机、起重机、打桩机等易发生安全事故的施工现场，应设置警戒区域，悬挂警示标志，非工作人员不得入内； (4) 在机械产生对人体有害的气体、液体、尘埃、渣滓、放射性射线、振动、噪声等的场所，应配置相应的安全保护设施、监测设备（仪器）、废品处理装置；在隧道、沉井、管道等狭小空间施工时，应采取措施，使有害物控制在规定的限度内； (5) 清洁、保养、维修机械或电气装置前，必须先切断电源，等机械停稳后再进行操作。严禁带电或采用预约停送电时间的方式进行检修；检修前，应悬挂“禁止合闸，有人工作”的警示牌
	机械安全操作	(1) 特种设备操作人员应经过专业培训、考核合格取得相关主管部门颁发的操作证，并应经过安全技术交底后持证上岗； (2) 机械使用前，应对机械进行检查、试运转； (3) 机械伤害预防（不包含机械本体安全技术可靠性）铁律“十二条”：“四必”，即有轴必有套、有轮必有罩、有台必有栏、有洞必有盖；“四不修”，即带电不修、带压不修、高温过冷不修、无专用工具不修；“四停用”，即联锁防护停用、无接地漏电保护停用、无岗前培训停用、无安全操作规程停用
防触电和火灾	防触电	(1) 按规范设置配供电系统。施工现场临时用电必须执行相关标准，线路采用 TN-S 系统，现场用电必须使用便桥标准闸箱，执行“三级控制、两极保护”“一机、一闸、一漏、一箱”； (2) 灯具距地面高度不小于 3 m，生活区民工住宿达不到标准的必须使用 36 V 安全电压；在整改过程中必须两人进行，应关闭上级开关方可作业，一人操作、一人监护，现场不得带电作业，并做好记录等； (3) 保护接地； (4) 保护接零； (5) 工作接地，N 线必须用铜芯绝缘线； (6) 装设漏电保护器； (7) 绝缘安全用具：绝缘手套、绝缘靴、绝缘鞋、绝缘垫和绝缘台等
	防火	(1) 将消防相关条件纳入施工总平面布局； (2) 合理设置消防扑救通道：施工现场出入口的设置应满足消防车通行的要求，并宜布置在不同方向，其数量不宜少于 2 个；当确有困难只能设置 1 个出入口时，应在施工现场内设置满足消防车通行的环形道路； (3) 临时消防车道与在建工程、临时用房、可燃材料堆场及其加工场的距离，不宜小于 5 m，且不宜大于 40 m； (4) 保证防火间距：易燃易爆危险品库房与在建工程的防火间距不应小于 15 m，可燃材料堆场及其加工场、固定动火作业场与在建工程的防火间距不应小于 10 m，其他临时用房、临时设施与在建工程的防火间距不应小于 6 m； (5) 按规范进行临时用房防火设计和搭设； (6) 配置临时消防设施：临时消防设施应与在建工程的施工同步设置，施工现场在建工程可利用已具备使用条件的永久性消防设施作为临时消防设施； (7) 在建工程及临时用房的下列场所应配置灭火器； (8) 临时用房建筑面积之和大于 1 000 m^2 或在建工程单体体积大于 10 000 m^3 时，应设置临时室外消防给水系统。当施工现场处于市政消火栓 150 m 保护范围内且市政消火栓的数量满足室外消防用水量要求时，可不设置临时室外消防给水系统

二、安全防护设施、用品技术要求

安全防护设施、用品技术要求见表 6-3-3。

表 6-3-3 安全防护设施、用品技术要求

类型	技术要求
防护栏杆 (临边作业防护栏杆由横杆、立杆及挡脚板组成)	(1) 防护栏杆应为两道横杆，上杆距地面高度应为 1.2 m，下杆应在上杆和挡脚板中间设置； (2) 当防护栏杆高度大于 1.2 m 时，应增设横杆，横杆间距不应大于 600 mm； (3) 防护栏杆立杆间距不应大于 2 m； (4) 挡脚板高度不应小于 180 mm； (5) 防护栏杆立杆底端应固定牢固
操作平台	(1) 架体结构应采用钢管、型钢及其他等效性能材料组装。平台面铺设的钢、木或竹胶合板等材质的脚手板，应符合材质和承载力要求，并应平整满铺及可靠固定； (2) 操作平台临边应设置防护栏杆，单独设置的操作平台应设置供人上下、踏步间距不大于 400 mm 的扶梯； (3) 应在操作平台明显位置设置标明允许负载值的限载牌及标明限定允许的作业人数，物料应及时转运，不得超重、超高堆放； (4) 操作平台使用中应每月进行不少于 1 次的定期检查，应由专人进行日常维护工作，及时消除安全隐患
防护棚与警示标志	(1) 进出建筑物主体通道口应搭设防护棚。棚宽大于道口，两端各长出1 m，进深尺寸应符合高处作业安全防护范围。坠落半径(R)分别为：当坠落物高度为 2～5 m 时，R 为 3 m；当坠落物高度为 5～15 m 时，R 为 4 m；当坠落物高度为 15～30 m 时，R 为 5 m；当坠落物高度大于 30 m 时，R 为 6 m； (3) 木工加工场地、钢筋加工场地等上方有可能坠落的物件或处于起重机调杆回转范围之内，应搭设双层防护棚； (4) 安全防护棚应采用双层保护方式，当采用脚手片时，层间距 600 mm，铺设方向应互相垂直
施工安全网	(1) 施工安全网的选用：密目式安全立网的网目密度应为 10 cm×10 cm，面积大于等于 2 000 目； (2) 施工安全网的搭设：①安全网搭设应绑扎牢固、网间严密；②安全网的支撑架应具有足够的强度和稳定性；密目式安全立网搭设时，支撑架间距不得大于 450 mm；③边绳的断裂张力不得小于 3 kN，系绳应绑在支撑架上，间距不得大于 750 mm
安全带	(1) 安全带冲击作用力峰值应小于等于 6 kN； (2) 安全带应标明伸展长度，且伸展长度应小于等于永久标识中明示的数值； (3) 织带或绳在各调节扣内的最大滑移应小于等于 25 mm； (4) 附加性能要求：救援性能、阻燃性能、防静电性能、耐化学品性能、安全带金属零部件耐腐蚀性能等

续表

类型	技术要求
安全帽	(1) 冲击吸收性能：经高温（50 ℃±2 ℃）、低温（−10 ℃±2 ℃）、浸水（水温 20 ℃±2 ℃）、紫外线照射预处理后做冲击测试，传递到头模的力不应大于 4 900 N，帽壳不得有碎片脱落； (2) 耐穿刺性能：预处理后做冲击测试，钢锥不得接触头模表面，帽壳不得有碎片脱落； (3) 侧向刚性：最大变形不应大于 40 mm，残余变形不应大于 15 mm，帽壳不得有碎片脱落； (4) 电绝缘性能：G 级安全帽泄漏电流不应大于 3.0 mA，E 级安全帽泄漏电流不应大于 9.0 mA；当测试电压加大至 30 000 V 时，安全帽不应被击穿、发生燃烧现象； (5) 阻燃性能：续燃时间不应超过 5 s，帽壳不得烧穿； (6) 耐低温性能：经低温（−30 ℃±2 ℃）、3 h 预处理后做冲击测试，传递到头模的力不应大于 4 900 N，帽壳不得有碎片脱落；经低温（−30 ℃±2 ℃）、3 h 预处理后做穿刺测试，钢锥不得接触头模表面，帽壳不得有碎片脱落； (7) 耐极高温性能：经极高温（150 ℃±5 ℃）、1 h 预处理后做冲击测试，传递到头模的力不应大于 4 900 N，帽壳不得有碎片脱落；经极高温（150 ℃±5 ℃）、1 h 预处理后做冲击测试，钢锥不得接触头模表面，帽壳不得有碎片脱落； (8) 防静电性能：表面电阻应为 $1\times10^{5}\sim1\times10^{10}$ Ω； (9) 耐熔融金属飞溅性能：安全帽不应出现帽壳被穿透的现象，出现大于 10 mm 的损坏变形，帽壳续燃时间大于 5 s

三、施工安全技术交底

（一）施工安全技术交底流程

根据《建设工程安全生产管理条例》可知，建设工程施工前，施工单位负责项目管理的技术人员应按以下顺序进行技术交底，并由双方签字确认。

首先，由项目技术负责人向施工员、班组长、分包单位技术负责人交底，再由班组长向操作工人交底；分包单位项目技术负责人按照相同程序进行交底；对于超过一定规模的危险性较大分部分项工程，必须先由施工单位技术负责人向项目技术负责人交底。

（二）施工安全技术交底要求

（1）施工项目部必须实行逐级安全技术交底制度，纵向延伸到班组全体作业人员。

（2）应将工程概况、施工方法、施工程序、安全技术措施等向施工员、班组长进行详细交底；将安全技术措施、安全操作规程、防护用品用具使用等向操作人员进行详细交底。

（3）技术交底的内容应针对分部分项工程施工中给作业人员带来的潜在危险因素和存在问题。

（4）应优先采用新的安全技术措施。

（5）应定期向由两个以上作业班组和/或多工种进行交叉施工的作业班组进行书面交底。

（6）应保存书面安全技术交底签字记录并归档。

（三）施工安全技术交底主要内容

（1）工程项目和分部分项工程的概况。

（2）施工项目的施工作业特点和危险点。

（3）针对危险点的具体预防措施。

（4）作业中应遵守的安全操作规程及应注意的安全事项。

（5）作业人员发现事故隐患应采取的措施。

（6）发生事故后应及时采取的避难和急救措施。

第四节　施工安全事故应急预案和调查处理

考点 1 生产安全事故应急预案的目的

扫码听课

（1）避免紧急情况发生时出现混乱。

（2）确保按照合理的响应流程采取适当的救援措施。

（3）预防和减少可能随之引发的职业健康安全和环境影响。

考点 2 生产安全事故应急预案的内容及管理

扫码听课

生产安全事故应急预案的内容及管理过程如图 6-4-1 所示。

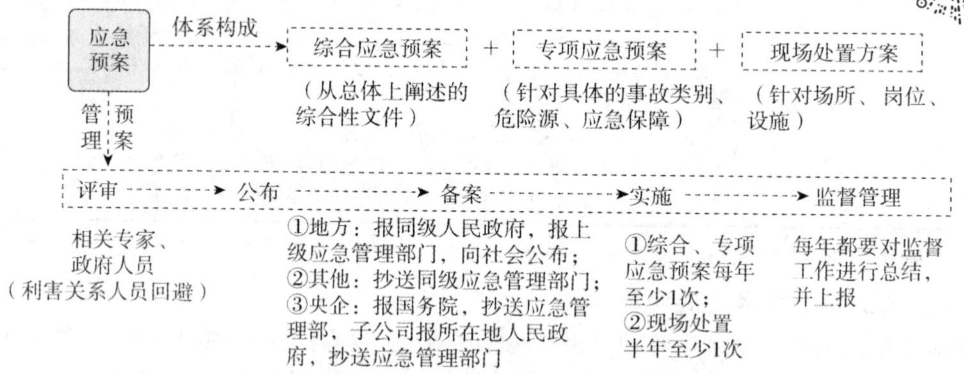

图 6-4-1　生产安全事故应急预案的内容及管理过程

有下列情形之一的，应急预案应当及时修订并归档：

（1）依据的法律、法规、规章、标准及上位预案中的有关规定发生重大变化的。

（2）应急指挥机构及其职责发生调整的。

（3）安全生产面临的风险发生重大变化的。

（4）重要应急资源发生重大变化的。

（5）在应急演练和事故应急救援中发现需要修订预案的重大问题的。

（6）编制单位认为应当修订的其他情况。

施工单位应急预案内容变更的，应当重新备案。

➢ **重点提示：**（1）理解编制应急预案的目的。

（2）应急预案体系包括综合应急预案、专项应急预案和现场处置方案，注意区分三者的特点。一般带具体名称的工程，如基坑开挖、脚手架拆除等，编制的是专项应急预案。

（3）应急预案管理包括：评审（谁可参加，谁不可参加）——公布——备案（不同级别的应急预案备案地点不同）——实施（不同应急预案演练的频率）——监督管理（每年都要进行监督）。

实战演练

[2019 真题·单选] 根据应急预案体系的构成，针对深基坑开挖编制的应急预案属于（　　）。

A. 专项应急预案　　B. 专项施工方案

C. 现场处置预案　　D. 危大工程预案

[解析] 专项应急预案是针对具体的事故类别（如基坑开挖、脚手架拆除等事故）、危险源和应急保障而制定的计划或方案，是综合应急预案的组成部分，应按照综合应急预案的程序和要求组织制定，并作为综合应急预案的附件。

[答案] A

[2016 真题·单选] 下列生产安全事故应急预案中，应当报同级人民政府和上一级安全生产监督管理部门备案的是（　　）。

A. 中央管理的企业集团的应急预案

B. 地方建设行政主管部门的应急预案

C. 特级施工总承包企业的应急预案

D. 地方各级安全生产监督管理部门的应急预案

[解析] 地方各级安全生产监督管理部门的应急预案，应当报同级人民政府和上一级安全生产监督管理部门备案。

[答案] D

[经典例题·多选] 编制生产安全事故应急预案的目的有（　　）。

A. 避免紧急情况发生时出现混乱

B. 满足《职业健康安全管理体系》论证的要求

C. 确保按照合理的响应流程采取适当的救援措施

D. 预防和减少可能随之引发的职业健康安全和环境影响

E. 确保建设主管部门尽快开展调查处理

[解析] 编制应急预案的目的，是避免紧急情况发生时出现混乱，确保按照合理的响应流程采取适当的救援措施，预防和减少可能随之引发的职业健康安全和环境影响。

[答案] ACD

考点 3　职业健康安全事故的分类及安全事故处理

一、职业健康安全事故的分类

扫码听课

（一）按照安全事故伤害程度分类

根据《企业职工伤亡事故分类》（GB 6441—1986）规定，安全事故按照伤害程度分为以下几类：

（1）轻伤，指损失 1～105 个工作日的失能伤害。

（2）重伤，指损失工作日等于和超过 105 日的失能伤害，重伤的损失工作日最多不超过 6 000 日。

（3）死亡，指损失工作日超过 6 000 日的失能伤害。

（二）按照生产安全事故造成的人员伤亡或直接经济损失分类

根据《生产安全事故报告和调查处理条例》（国务院令第 493 号），生产安全事故按照造成的人员伤亡或直接经济损失一般分为四类：一般事故、较大事故、重大事故及特别重大事故。其分类标准及相关内容如图 6-4-2 所示。

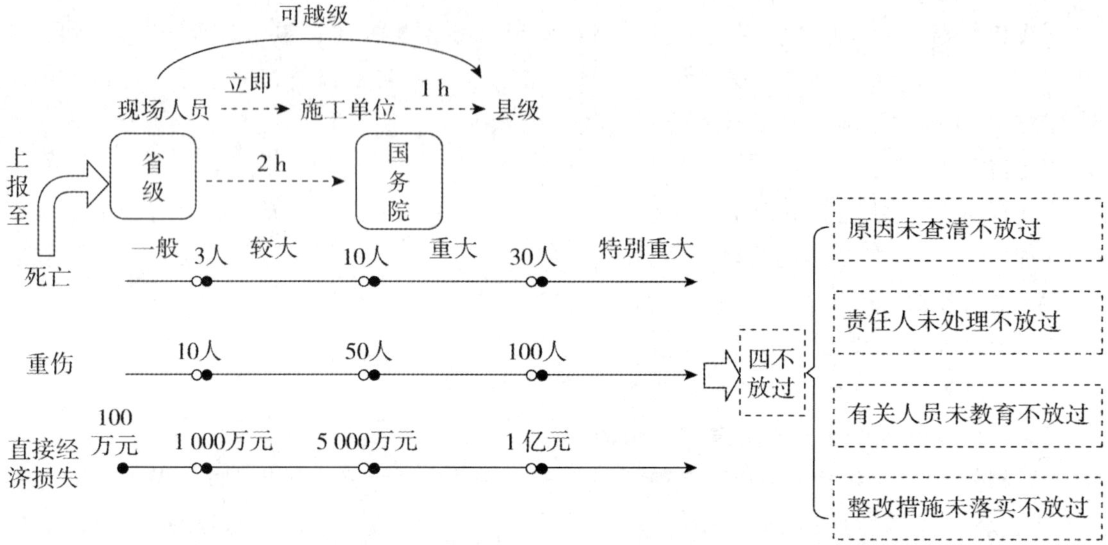

图 6-4-2　生产安全事故按照人员伤亡或直接经济损失分类

注：重伤包括急性工业中毒。

➢ **重点提示：**（1）生产安全事故等级的划分和质量事故等级的划分不同之处在于：生产安全事故的判断标准不仅包括重伤人数，还包括急性工业中毒人数。

（2）“四不放过”的原则：查原因、处理责任人、教育相关人、落实措施。

二、安全事故处理

事故报告和事故调查报告内容见表 6-4-1。

表 6-4-1　事故报告和事故调查报告内容

事故报告的内容	事故调查报告的内容
事故发生的时间、地点、工程项目和有关单位名称	事故发生单位概况
事故的初步原因	事故发生的原因和事故性质
事故的简要经过	事故发生经过和事故救援情况
事故已经造成或者可能造成的伤亡人数、初步估计的直接经济损失	事故造成的人员伤亡和直接经济损失
事故发生后采取的措施及事故控制情况	事故防范和整改措施
事故报告单位或报告人员	事故责任的认定和对事故责任者的处理建议
其他应当报告的情况	—

➢ **重点提示：**（1）安全事故发生之后先报给施工单位，而质量事故发生之后先报给有

关单位。

(2) 现场人员报本单位负责人时限：立即；单位负责人报上级时限：1 h 内；上级报再上级时限：2 h 内。

(3) 建设主管部门事故报告要求：特别重大、重大、较大→国务院；一般→省级。

(4) 事故报告的内容均为初步估计的内容（注意与事故调查报告进行区别）。

(5) 事故调查报告的内容是核实后的具体内容（与事故报告进行区别）。

实战演练

[2023 真题 · 单选] 某工程质量事故造成直接经济损失 4 500 万元，间接经济损失 800 万元。按照工程质量事故等级划分标准，该工程质量事故属于（　　）。

A. 较大事故　　B. 一般事故

C. 重大事故　　D. 较重事故

[解析] 较大事故，是指造成 3 人以上 10 人以下死亡，或者 10 人以上 50 人以下重伤，或者 1 000 万元以上 5 000 万元以下直接经济损失的事故。

[答案] A

[经典例题 · 单选] 某工人在施工作业过程中脚部被落物砸伤，休养了 21 周。根据《企业职工伤亡事故分类》(GB 6441—1986)，该工人的伤害程度为(　　)。

A. 轻伤　　B. 重伤

C. 职业病　　D. 失能伤害

[解析] 重伤是指损失工作日等于和超过 105 日的失能伤害，重伤的损失工作日最多不超过 6 000 日。

[名师点拨] 判断事故等级时，应研读题干，若按照《企业职工伤亡事故分类》(GB 6441—1986) 划分，则可分为轻伤、重伤和死亡。若按照《生产安全事故报告和调查处理条例》(国务院令第 493 号) 划分，则可分为一般事故、较大事故、重大事故、特别重大事故。

[答案] B

[经典例题 · 单选] 某桥梁工程桩基施工过程中，由于操作平台整体倒塌导致 6 人死亡，52 人重伤，直接经济损失为 118 万元。根据安全事故造成的后果，该事故属于(　　)。

A. 一般事故　　B. 重大事故

C. 较大事故　　D. 特别重大事故

[解析] 重大事故，是指造成 10 人以上 30 人以下死亡，或者 50 人以上 100 人以下重伤，或者 5 000 万元以上 1 亿元以下直接经济损失的事故。

[答案] B

[经典例题 · 单选] 某分包工程发生生产安全事故，应由（　　）负责上报事故。

A. 分包单位　　B. 总承包单位

C. 建设单位　　D. 监理单位

第六章

［解析］实行施工总承包的建设工程，由总承包单位负责上报事故。

［答案］B

［经典例题·多选］施工项目安全事故处理的原则包括（　　）。

A. 事故原因没有查清不放过

B. 责任人员没有受到处理不放过

C. 整改措施没有落实不放过

D. 事故有关人员没有受到教育不放过

E. 事故单位没有受到处理不放过

［解析］施工项目一旦发生安全事故，必须实施“四不放过”的原则：①事故原因未查清不放过；②责任人员未处理不放过；③有关人员未教育不放过；④整改措施未落实不放过。

［答案］ABCD

［经典例题·多选］关于施工生产安全事故报告的说法，正确的有（　　）。

A. 施工单位负责人在接到事故报告后，2 h 内向上级报告事故情况

B. 一般事故应上报至省、自治区、直辖市人民政府建设主管部门

C. 重大事故应逐级上报至省、自治区、直辖市人民政府建设主管部门

D. 对于需逐级上报的事故，每级安全生产监督管理部门上报的时间不得超过 2 h

E. 特别重大事故应逐级上报至国务院建设主管部门

［解析］施工单位负责人接到报告后，应当在 1 h 内向事故发生地县级以上人民政府建设主管部门和有关部门报告，选项 A 错误。特别重大事故、重大事故、较大事故逐级上报至国务院建设主管部门，选项 C 错误、选项 E 正确。

［答案］BDE

［经典例题·多选］生产安全事故报告的内容包括（　　）。

A. 事故发生的时间、地点和工程项目、有关单位名称

B. 事故的简要经过

C. 事故的初步原因

D. 事故发生的经过

E. 事故报告单位或报告人员

［解析］安全事故报告的内容包括：①事故发生的时间、地点、工程项目和有关单位名称；②事故的初步原因；③事故的简要经过；④事故已经造成或者可能造成的伤亡人数、初步估计的直接经济损失；⑤事故发生后采取的措施及事故控制情况；⑥事故报告单位或报告人员；⑦其他应当报告的情况。

［答案］ABCE

［**经典例题·多选**］根据《生产安全事故报告和调查处理条例》（国务院令第 493 号），事故调查报告的内容主要有（　　）。

A. 事故发生单位概况

B. 事故发生经过和事故救援情况

C. 事故责任者的处理结果

D. 事故造成的人员伤亡和直接经济损失

E. 事故发生的原因和事故性质

［**解析**］事故调查报告应当包括：①事故发生单位概况；②事故发生的原因和事故性质；③事故发生经过和事故救援情况；④事故造成的人员伤亡和直接经济损失；⑤事故防范和整改措施；⑥事故责任的认定和对事故责任者的处理建议。

［**答案**］ABDE

考点 4　违法行为的处罚

不同违法行为的处罚见表 6-4-2。

表 6-4-2　不同违法行为的处罚

序号	违法行为	处罚
1	不立即组织事故抢救	属于失职行为；只罚个人：处上一年年收入 40%～80% 的罚款
2	在事故调查处理期间擅离职守	
3	迟报或者漏报事故	
4	谎报或者瞒报事故	属于故意违法行为；既罚个人，又罚单位：处个人上一年年收入 60%～100% 的罚款，处单位 100 万～500 万元的罚款
5	伪造或者故意破坏事故现场	
6	转移、隐匿资金、财产，或者销毁有关证据、资料	
7	拒绝接受调查或者拒绝提供有关情况和资料	
8	在事故调查中作伪证或者指使他人作伪证	
9	事故发生后逃匿	

➤ **重点提示：**（1）法律责任中前 3 种违法行为属于失职行为，只罚个人，不罚单位，处上一年年收入 40%～80% 的罚款。

（2）法律责任中第 4～9 种违法行为属于故意违法行为，既罚个人，又罚单位。处罚个人：处上一年年收入 60%～100% 的罚款；处罚单位：处 100 万～500 万元以下的罚款。

实战演练

［**经典例题·多选**］生产安全事故报告和调查处理过程中，对事故发生单位处 100 万元以上 500 万元以下罚款的情形有（　　）。

A. 不立即组织事故抢救

B. 销毁有关证据

C. 迟报、漏报事故

D. 指使他人作伪证

E. 故意破坏事故现场

[解析] 对事故发生单位处100万元以上500万元以下罚款的情形有：①谎报或者瞒报事故；②伪造或者故意破坏事故现场；③转移、隐匿资金、财产，或者销毁有关证据、资料；④拒绝接受调查或者拒绝提供有关情况和资料；⑤在事故调查中作伪证或者指使他人作伪证；⑥事故发生后逃匿。

[答案] BDE

[经典例题·多选] 根据《生产安全事故报告和调查处理条例》（国务院令第493号），对事故发生单位主要负责人处上一年年收入40%～80%的罚款的情形有(　　)。

A. 谎报或者瞒报事故

B. 伪造或者故意破坏事故现场

C. 不立即组织事故抢救

D. 迟报或者漏报事故

E. 在事故调查处理期间擅离职守

[解析] 根据《生产安全事故报告和调查处理条例》（国务院令第493号），事故发生单位主要负责人有不立即组织事故抢救、在事故调查处理期间擅离职守、迟报或者漏报事故的违法行为之一的，处上一年年收入40%～80%的罚款。

[名师点拨] 区分"只罚个人不罚单位"和"既罚个人又罚单位"的情形。其中，只罚个人不罚单位（个人失职的行为，处上一年年收入40%～80%的罚款）的情形包括：①不立即组织事故抢救；②在事故调查处理期间擅离职守；③迟报或者漏报事故。既罚个人又罚单位（故意违法的行为，对事故发生单位处100万元以上500万元以下的罚款，对负责人处上一年年收入60%～100%的罚款）的情形包括：①谎报或者瞒报事故；②伪造或者故意破坏事故现场；③转移、隐匿资金、财产，或者销毁有关证据、资料；④拒绝接受调查或者拒绝提供有关情况和资料；⑤在事故调查中作伪证或者指使他人作伪证；⑥事故发生后逃匿。

[答案] CDE

第七章

绿色施工及环境管理

名师导学

本章包括“绿色施工管理”“施工现场环境管理”两节内容。其中，绿色施工管理围绕“四节一环保”内容展开说明；施工现场环境管理包括施工现场文明施工的要求和施工现场环境保护的要求，应重点掌握。

第七章

第一节　绿色施工管理

考点 1　绿色施工基本内容

绿色施工是指在保证质量、安全等基本要求的前提下，通过科学管理（组织管理、规划管理、实施管理、评价管理、人员安全与健康管理）和技术进步，最大限度地节约资源，减少对环境负面影响，实现节材、节水、节能、节地和环境保护（“四节一环保”）的施工活动。绿色施工的基本内容见表 7-1-1。

表 7-1-1　绿色施工的基本内容

项目	基本内容
节材与材料资源利用	结构材料、围护材料、装饰装修材料、周转材料等方面的节约措施和绿色材料利用
节水与水资源利用	提高用水效率，增加非传统水资源利用和保障用水安全
节能与能源利用	机械设备与机具，生产、生活及办公临时设施，施工用电及照明等方面的节能措施和可再生能源利用
节地与施工用地保护	临时用地保护和施工总平面布置优化
环境保护	扬尘控制、噪声振动控制、光污染控制、水污染控制、土壤保护、建筑垃圾控制、地下设施和资源保护等

考点 2　各方主体绿色施工职责

一、绿色施工相关理念原则和方法

（一）绿色施工相关理念

（1）可持续发展和清洁生产理念：一是资源的永续利用；二是环境容量的承载能力。可持续发展有公平性、持续性和共同性三项基本原则。

（2）清洁生产理念。“三清一控”：①清洁的原料与能源；②清洁的生产过程；③清洁的产品；④贯穿于清洁生产的全过程控制。

（3）环境伦理要求：整体性要求、不损害性要求、补偿性要求。

（二）循环经济“3R”原则

循环经济的“3R”原则，即“减量化”(Reduce)、“再利用”(Reuse)、“再循环”(Recycle)。

（1）“减量化”原则：通过输入端控制方式，用较少资源的投入来达到既定的生产目的。

（2）“再利用”原则：通过过程端控制方式，将废物直接作为产品或经修复、翻新、再制造后继续作为产品使用，或者将废物的全部或部分作为其他产品的部件予以使用。

（3）“再循环”原则：通过输出端控制方式，将生产出来的物品在完成其使用功能后通过回收利用重新变成可用资源，减少垃圾的产生，包括原级再循环——把废弃物转化为同类新产品；次级再循环——把废弃物转化为其他产品的原材料。

“3R”运行模式如图 7-1-1 所示。

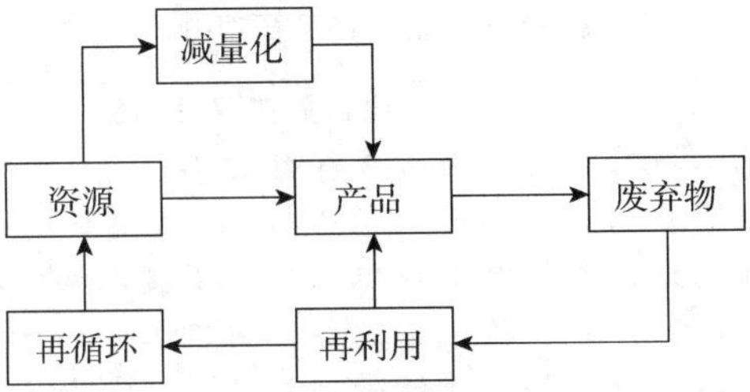

图 7-1-1　"3R"运行模式

(三) 生命周期评估方法

生命周期评估（Life Cycle Assessment，LCA）是一种通过计算和评估从原材料提取到废物处理等产品/服务生命周期各阶段的自然资源消耗和对环境的产出，提供评估与生产过程或服务相关的潜在环境影响的方法。

LCA 方法应用的四阶段：目的与范围确定、清单分析、影响评估、解释说明。

二、各方主体绿色施工具体职责

《建筑工程绿色施工规范》（GB/T 50905—2014）规定工程建设各方主体的绿色施工职责具体见表 7-1-2。

表 7-1-2　工程建设各方主体的绿色施工职责

各方主体	绿色施工职责
建设单位	(1) 在编制工程概算和招标文件时，应明确绿色施工的要求，并提供包括场地、环境、工期、资金等方面的条件保障； (2) 应向施工单位提供建设工程绿色施工的设计文件、产品要求等相关资料，保证资料的真实性和完整性； (3) 应建立工程项目绿色施工的协调机制
设计单位	(1) 应按国家现行有关标准和建设单位的要求进行工程的绿色设计； (2) 应协助、支持、配合施工单位做好建设工程绿色施工的有关设计工作
工程监理单位	(1) 应对建筑工程绿色施工承担监理责任； (2) 应审查绿色施工组织设计、绿色施工方案或绿色施工专项方案，并在实施过程中做好监督检查工作
施工单位	(1) 施工单位是建筑工程绿色施工的实施主体，应组织绿色施工的全面实施； (2) 实行总承包管理的建设工程，总承包单位应对绿色施工负总责； (3) 总承包单位应对专业承包单位的绿色施工实施管理，专业承包单位应对工程承包范围的绿色施工负责； (4) 施工单位应建立以项目经理为第一责任人的绿色施工管理体系，制定绿色施工管理制度，负责绿色施工的组织实施，进行绿色施工教育培训，定期开展自检、联检和评价工作； (5) 绿色施工组织设计、绿色施工方案或绿色施工专项方案编制前，应进行绿色施工影响因素分析，并据此制定实施对策和绿色施工评价方案

考点 3　绿色施工措施

一、绿色施工管理措施

绿色施工管理措施见表 7-1-3。

表 7-1-3 绿色施工管理措施

项目	绿色施工管理措施
绿色施工组织设计	(1) 应考虑施工现场的自然与人文环境特点; (2) 应有减少资源浪费和环境污染的措施; (3) 应明确绿色施工的组织管理体系、技术要求和措施; (4) 应选用先进的产品、技术、设备、施工工艺和方法，利用规划区域内设施; (5) 应包含改善作业条件、降低劳动强度、节约人力资源等内容
绿色施工方案	节材措施、节水措施、节能措施、节地与施工用地保护措施、环境保护措施
人员安全与健康管理	(1) 制定施工防尘、防毒、防辐射等防止职业危害的措施; (2) 合理布置施工场地，保护生活及办公区不受施工活动的有害影响; (3) 提供卫生、健康的工作与生活环境
设备材料管理	(1) 施工现场应建立机械设备保养、限额领料、建筑垃圾再利用的台账和清单，要健全保管制度并落实责任; (2) 要建立施工机械设备管理制度，开展用电、用油计量，完善设备档案，及时做好维修保养工作，使机械设备保持低耗、高效的状态
用能用水管理	(1) 制定合理的施工能耗指标，明确节能措施，提高施工能源利用率; (2) 施工现场应分别对生活用水与工程用水确定用水定额指标，并分别计量管理; (3) 在签订不同标段分包或劳务合同时，将节水定额指标纳入合同条款，进行计量考核
排放和减量化管理	(1) 按照分区划块原则，规范施工污染排放和资源消耗管理，进行定期检查或测量，实施预控和纠偏措施，保持现场良好的作业环境和卫生条件; (2) 施工单位应制定建筑垃圾减量化计划，编制建筑垃圾处理方案，采取污染防治措施，设专人按规定处置有毒有害物质
环境监测管理	(1) 积极开展并配合环境监测工作。环境监测具有环节构成的系统性，监测对象和监测手段的综合性，环境状态随时间变化的时序性特征; (2) 常规环境监测包括环境质量监测、污染源监测、生态环境监测，特殊目的监测包括研究型监测、污染事故监测和仲裁监测

二、绿色施工技术措施

绿色施工技术措施包括节材与材料资源利用、节水与水资源利用、节能与能源利用、节地与施工用地保护、环境保护，具体见表 7-1-4。

表 7-1-4 绿色施工技术措施

绿色施工技术措施	具体内容
节材与材料资源利用	(1) 结构材料利用。优化钢筋配料和钢构件下料方案；宜采用分段吊装、整体提升、滑移、顶升等安装方法，减少方案的措施用材量; (2) 围护材料利用。施工应确保密封性、防水性和保温隔热性，选择高效节能、耐久性好的保温隔热材料; (3) 装饰装修材料利用。采用非木质的新材料或人造板材代替木质板材。 (4) 周转材料利用。应选用耐用、维护与拆卸方便的周转材料和机具。力争工地临房、临时围挡材料的可重复使用率达到 70%; (5) 节材措施。鼓励就地取材，施工现场 500 km 以内生产的建筑材料用量占建筑材料总重量的 70%以上，宜优先选用获得绿色建材评价认证标识的建筑材料和产品。根据现场平面布置情况就近卸载，避免和减少二次搬运。采取措施提高模板、脚手架等的周转次数

第七章

续表

绿色施工技术措施	具体内容
节水与水资源利用	(1) 提高用水节水效率。应根据用水量设计布置施工现场供水管网，做到管径合理、管路简捷，还应采取有效措施（如阀门预设）减少管网和用水器具的漏损。施工现场应建立可再利用水的收集处理系统，使水资源得到梯级循环利用。优先采用中水搅拌、中水养护。力争施工中非传统水源和循环水的再利用量大于30%； (2) 保证用水安全。制定有效的水质检测与卫生保障措施，避免对人体健康、工程质量及周围环境产生不良影响
节能与能源利用	(1) 可再生能源利用及设备节能。充分利用太阳能、地热能、风能等可再生能源； (2) 生产、生活及办公临时设施节能。临时设施宜选用由高效保温、隔热、防火材料制成的复合墙体和屋面，以及密封保温隔热性能好的门窗； (3) 施工用电及照明节能。照明设计以满足最低照度为原则，照度不应超过最低照度的20%。施工现场宜错峰用电
节地与施工用地保护	(1) 临时用地。临时设施占地面积有效利用率大于90%； (2) 临时用地保护。应对深基坑施工方案进行优化，减少土方开挖和回填量，最大限度地减少对土地的扰动，保护周边自然生态环境； (3) 施工总平面布置和临时设施。施工总平面布置应做到科学、合理。施工现场的强噪声机械设备宜远离噪声敏感区。临时设施布置应注意远近结合（本期与下期工程）
环境保护	(1) 扬尘控制。施工现场宜搭设封闭式垃圾站；施工现场非作业区应达到目测无扬尘的要求；在场界四周隔挡高度位置测得的大气总悬浮颗粒物(TSP)月平均浓度与城市背景值的差值不大于0.08 mg/m^3；结构施工、安装装饰装修阶段，作业区目测扬尘高度小于0.5 m；不得在施工现场融化沥青或焚烧油毡、油漆及产生有毒、有害烟尘和恶臭气体的其他物质； (2) 噪声与振动控制。昼间场界环境噪声不得超过70 dB (A)，夜间场界环境噪声不得超过55 dB (A)。同时，夜间噪声最大声级超过限值的幅度不得高于15 dB (A)。噪声测点通常应设在建筑施工场界外1 m、高度1.2 m以上的位置。测量应在无雨雪、无雷电天气，风速为5 m/s以下时进行。施工期间，测量连续20 min的等效声级，夜间同时测量最大声级； (3) 光污染控制。夜间室外照明灯加设灯罩，透光方向集中在施工范围。在光线作用敏感区域施工时，电焊作业和大型照明灯具应采取防光外泄措施； (4) 水污染控制。当基坑开挖抽水量大于50万 m^3 时，应进行地下水回灌，并避免地下水被污染； (5) 土壤保护。对于电池、墨盒、油漆、涂料等有毒有害废弃物，应回收后交有资质的单位处理，不能作为建筑垃圾外运，避免污染土壤和地下水； (6) 垃圾回收利用和处置。应力争使建筑垃圾的再利用和回收率达到30%，建筑物拆除产生的废弃物再利用和回收率大于40%。对于碎石类、土石方类建筑垃圾，可采用地基填埋、铺路等方式提高再利用率，力争使其再利用率大于50%。有毒有害废弃物的分类率应达到100%；对有可能造成二次污染的废弃物应单独储存，并设置醒目标识； (7) 地下设施、文物和资源保护。要避让、保护施工场区及周边的古树名木。逐步开展施工项目 CO_2 排放量及各种不同植被和树种的 CO_2 固定量的统计分析工作

续表

绿色施工技术措施	具体内容
发展绿色施工“四新”技术	(1)“四新”技术：新技术、新设备、新材料与新工艺； (2) 施工方案应建立推广、限制、淘汰公布制度和管理办法； (3) 加强信息技术应用，如绿色施工的虚拟现实技术、三维建筑模型的工程量自动统计、绿色施工组织设计数据库建立与应用系统、数字化工地、基于电子商务的建筑工程材料、设备与物流管理系统等

第二节　施工现场环境管理

考点 1 施工现场文明施工的要求

一、现场围挡设计

围挡需封闭，工地四周设置连续、密闭的砖墙围挡，与外界隔绝进行封闭施工。市区主要路段和其他涉及市容景观路段的工地设置围挡的高度不低于 2.5 m，其他工地的围挡高度不低于 1.8 m。

二、现场工程标志牌设计

“五牌一图”，即工程概况牌、管理人员名单及监督电话牌、消防保卫（防火责任）牌、安全生产牌、文明施工牌和施工现场平面图。

三、临设布置

集体宿舍与作业区隔离，人均床铺面积不小于 2 m^2。

四、现场场地

主要场地应硬化，并设置相应的安全防护设施和安全标志。施工现场内有完善的排水措施，不允许有积水存在。

五、现场卫生管理

（1）明确施工现场各区域的卫生责任人。

（2）食堂必须有卫生许可证，禁止使用食用塑料制品做熟食容器，炊事员和茶水工须持有效的健康证明和上岗证。

六、文明施工教育

现场施工人员均佩戴胸卡，按工种统一编号管理。

➤ **重点提示**：(1) 区分围挡高度 1.8 m 和 2.5 m 适用情形。

(2)“五牌一图”：工程概况牌、管理人员名单及监督电话牌、消防保卫（防火责任）牌、安全生产牌、文明施工牌和施工现场平面图。

(3) 人均床铺面积不小于 2 m^2。

(4) 主要场地应硬化。

实战演练

［2016 真题·单选］关于施工现场文明施工和环境保护的说法，正确的是(　　)。

A. 施工现场主要场地应硬化

B. 施工现场要实行半封闭管理

C. 沿工地四周连续设置高度不低于 1.5 m 的围挡

D. 集体宿舍与作业区隔离，人均床铺面积不小于 1.5 m^2

［解析］施工现场应实行封闭管理，应在工地四周设置连续、密闭的砖砌围墙，与外界隔绝进行封闭施工，故选项 B 错误。施工现场外围围挡不得低于 1.8 m，以避免或减少污染物向外扩散，故选项 C 错误。集体宿舍与作业区隔离，人均床铺面积不小于 2 m^2，故选项 D 错误。

［答案］A

考点 2 施工现场环境保护的要求

一、大气污染的处理

(1) 施工现场外围围挡高度要符合要求，避免或减少污染物向外扩散。

(2) 严禁凌空随意抛撒垃圾。

(3) 施工现场堆土，洒水覆膜封闭或表面临时固化或植草，防止扬尘污染。

(4) 施工现场道路应硬化。

(5) 易飞扬材料（水泥、白灰、珍珠岩等）入库密闭存放或覆盖存放。

(6) 施工现场易扬尘处使用密目式安全网封闭。

(7) 在大门口铺设一定距离的石子（定期过筛洗选）路自动清理车轮，或是作一段混凝土路面和水沟，用水冲洗车轮车身，或是人工清扫车轮车身。

(8) 禁止在施工现场焚烧能产生有毒、有害烟尘和恶臭气体的物资。

(9) 尾气排放超标的车辆，应安装净化消声器，防止噪声和冒黑烟。

(10) 施工现场炉灶采用消烟除尘型，烟尘排放控制在允许范围内。

(11) 拆除旧有建筑物时，应适当洒水，并且在旧有建筑物周围采用密目式安全网和草帘搭设屏障，防止扬尘。

二、水污染的处理

(1) 污水未经处理不得直接排入城市污水管道或河流。

(2) 禁止将有毒、有害废弃物用于土方回填，避免污染水源。

(3) 施工现场存放油料、化学溶剂等时应设有专门的库房，必须对库房地面和高 250 mm以内的墙面进行防渗处理。

(4) 严禁随地倾倒现场气焊用的乙炔发生罐产生的污水，要求用专用容器集中存放，并倒入沉淀池处理。

(5) 施工现场 100 人以上的临时食堂，污水排放时可设置简易有效的隔油池。

(6) 施工现场临时厕所的化粪池应采取防渗漏措施，防止污染水体。

(7) 施工现场的化学药品、外加剂等要妥善入库保存，防止污染水体。

三、噪声污染的处理

(1) 在人口密集区：一般避开晚 10 时到次日早 6 时的作业。

(2) 施工现场超噪声值的声源，采取如下措施降低噪声或转移声源：

①尽量选用低噪声设备和工艺。

②在声源处安装消声器消声。

③加工成品、半成品的作业，尽量放在工厂车间生产，以转移声源来消除噪声。

(3) 在施工现场噪声的传播途径上，采取吸声、隔声等声学处理的方法来降低噪声。

(4) 施工现场场界环境噪声不得超过表 7-2-1 的规定。夜间噪声最大声级超过限值的幅度不得高于 15 dB。

表 7-2-1 建筑施工场界环境噪声限值（单位：dB（A））

昼间	夜间
70	55

四、固体废物污染的处理

(1) 分类存放，可回收的废弃物做到回收再利用，对有可能造成二次污染的废弃物必须单独贮存。

(2) 固体废弃物的运输应分类、密封、覆盖，避免泄漏、遗漏，并送到专门地方处理。

五、光污染的处理

(1) 对施工现场照明器具的种类、灯光亮度加以控制，不对着居民区照射。

(2) 电气焊应尽量远离居民区或在工作面设蔽光屏障。

➤ **重点提示：**(1) 有毒、有害废弃物不得用于土方回填，泥浆水不得随意排放。

(2) 废弃物严禁凌空抛撒，有毒、有害气体不得随意排放。

(3) 油料存放的库房要对地面和高 250 mm 以内的墙面进行防渗处理。

(4) 100 人以上的临时食堂需设置隔油池。

(5) 噪声避开时间：晚 10 时到次日早 6 时。

(6) 噪声限值：白天为 70 dB（A）；晚间为 55 dB（A）。

实战演练

[经典例题·单选] 下列施工现场环境污染的处理措施中，正确的是(　　)。

A. 固体废弃物必须单独储存

B. 电气焊必须在工作面设置光屏幕

C. 在人口密集区进行较强噪声施工时，一般避开晚 12：00 至次日早 6：00 时段

D. 油料库的地面和高 250 mm 以内的墙面必须进行防渗处理

[解析] 固体废弃物应分类存放，可回收的废弃物做到回收再利用，对有可能造成二次污染的废弃物必须单独贮存，选项 A 错误。电气焊应尽量远离居民区或在工作面设蔽光屏障，选项 B 错误。在人口密集区进行较强噪声施工时，须严格控制作业时间，一般避开晚 10 时到次日早 6 时的作业，选项 C 错误。

第七章

[答案] D

[经典例题·多选] 为防治施工环境污染，正确的做法有(　　)。

A. 尽量选用低噪声或备有消声降噪设备的机械

B. 拆除旧建筑物前，先进行洒水湿润

C. 将有害废弃物集中后用于土方回填

D. 对土方的运输，采取封盖措施

E. 现场设置专用油料库，并对其地面做防渗处理

[解析] 禁止将有毒有害废弃物用作土方回填，选项C错误。

[答案] ABDE

第八章

施工文件归档管理及项目管理新发展

名师导学

本章包括“施工文件归档管理”“项目管理新发展”两节内容。第一节是需要记忆的内容，第二节是需要理解的内容，考试所占分值较少，掌握重要考点即可，不宜花费过多时间。

第一节　施工文件归档管理

考点 1　施工信息的分类

施工信息可分为组织类工程信息、管理类工程信息、经济类工程信息、技术类工程信息和法规类信息等，具体见表 8-1-1。

表 8-1-1　施工信息分类

分类	举例
组织类工程信息	建筑业的组织信息、项目参与方的组织信息、与建筑业有关的组织信息和专家信息等
管理类工程信息	与投资控制、进度控制、质量控制、合同管理和信息管理有关的信息等
经济类工程信息	建设物资的市场信息、项目融资的信息等
技术类工程信息	与设计、施工和物资有关的技术信息等
法规类信息	—

考点 2　施工文件归档的要求

施工文件归档的要求如下。

（1）工程文件按单位工程立卷。

（2）卷内资料一般排列顺序为封面、目录、文件部分、备考表、封底。

（3）竣工图可按单位工程、专业等进行组卷。

（4）同一文件的请示与批复、印本与定稿、主件与附件不能分开，按批复在前、请示在后，印本在前、定稿在后，主件在前、附件在后的顺序排列。

（5）保管期限分为永久、长期、短期三种期限。

①永久是指工程档案需永久保存。

②长期是指工程档案的保存期限等于该工程的使用寿命。

③短期是指工程档案保存 20 年以下。

④同一案卷内有不同保管期限的文件，该案卷保管期限应从长。

（6）密级分为绝密、机密、秘密三种。同一案卷内有不同密级的文件，应以高密级为本卷密级。

（7）工程文件应采用耐久性强的书写材料，如碳素墨水、蓝黑墨水，不得使用易褪色的书写材料，如：红色墨水、纯蓝墨水、圆珠笔、复写纸、铅笔等。

（8）工程文件文字材料尺寸宜为 A4 幅面，图纸宜采用国家标准图幅。

（9）竣工图章尺寸为 50 mm×80 mm。

（10）图纸一般采用蓝晒图，竣工图应是新蓝图。所有竣工图均应加盖竣工图章。

（11）利用施工图改绘竣工图，必须标明变更修改的依据。变更部分超过图面 1/3 的，应重新绘图。

（12）工程档案一般不少于两套，一套由建设单位保管，一套（原件）移交当地城市建设档案馆（室）。

➤ **重点提示：** 该部分内容能够出题的知识点很多，但每年考试只涉及2分，性价比太低，因此建议读者在重点内容基础上练习近年来的真题进行巩固即可，无须花费过多的时间。

实战演练

[经典例题·单选] 关于施工文件档案管理的说法，正确的是（　　）。

A. 工程分包企业应将本单位形成的工程文件整理、立卷后及时移交建设单位

B. 由多个单位工程组成的建设项目，工程文件按一个建设工程立卷

C. 施工企业应当在工程竣工验收前，将形成的有关工程档案向建设单位移交

D. 工程文件可采用纯蓝黑水书写

[解析] 分包单位应将本单位形成的工程文件整理、立卷后及时移交总承包单位，选项A错误。一个建设工程由多个单位工程组成时，工程文件按单位工程立卷，选项B错误。工程文件应采用耐久性强的书写材料，如碳素墨水、蓝黑墨水，选项D错误。

[答案] C

[经典例题·单选] 下列关于施工文件立卷的说法，正确的是（　　）。

A. 竣工验收文件按单位工程、专业组卷

B. 卷内备考表排列在卷内文件的首页之前

C. 保管期限为永久的工程档案，其保存期限等于该工程的使用寿命

D. 同一案卷内有不同密级的文件，应以低密级为本卷密级

[解析] 卷内备考表排列在卷文件的尾页之后，选项B错误。永久是指工程档案需永久保存，长期是指工程档案的保存期限等于该工程的使用寿命，选项C错误。同一案卷内有不同密级的文件，应以高密级为本卷密级，选项D错误。

[答案] A

第二节　项目管理新发展

考点 1　BIM在我国的发展现状

（1）BIM（Building Information Modeling，建筑信息模型）是一把手项目。即BIM想要做得好，发挥它应有的效果（节省成本、节约工期、方便管控等），必须需要一个强有力的一把手去推动。为什么？因为对绝大部分的施工单位及分包商来说，方案变更才是其赚钱最重要的手段。BIM的一个重要价值就是避免变更。中国尊项目算是国内BIM应用的极致，之所以能达到极致就是因为其业主拥有很好的BIM意识和BIM水平，所以他们在管线碰撞检测、能耗分析、施工模拟、智能通风等领域都做得很好。

（2）利益和使用习惯的冲突。上文提及，对绝大部分的施工单位及分包商来说，方案变

更才是其赚钱的重要手段，而 BIM 的一个重要价值就是避免变更。至于使用习惯，很多传统的设计师和工程师都用不惯 BIM，对于他们来说，适应 BIM 需要一个长期过程，但有一点可以肯定，BIM 终将改变整个工作流程。

（3）BIM 人才的不足。不是说会用软件、懂 BIM 概念就是 BIM 人才了。软件永远只是辅助工具，而最核心的永远都是人的专业知识和管理水平，而这两者的结合又需要相当长时间的磨合。但是，随着从业者素质的提高和人才换代，信息化也必然是一个大趋势。

（4）对 BIM 认识的不足。认为 BIM 是软件、BIM 是虚拟可视化、BIM 是模型，这些都是比较狭隘的看法。BIM 还包括建设机器人、3D 打印建筑、物联网等，其概念是建设信息化，信息化到方方面面。BIM 还是一种方法，即如何运用信息化的手段来进行建设活动。当然，最重要的是，BIM 是一种思想，一种如何分析事物看待世界的思想。

➤ **注意：**此部分内容考试不涉及，为扩展内容，读者可根据自身兴趣了解即可。

考点 2　BIM 技术优势

（1）可视化施工文档存储。

目前很多的施工文档还是纸质文档，即使是 2D 的电子档案，等施工结束便堆在档案馆无法利用，也无使用价值。利用 BIM 技术，能够实现项目各参与方通过网络协同工作，进行工程洽商、协调，实现施工质量、安全、成本和进度的管理与监控。基于 BIM 模型的造价文档管理，则是将文档等通过手工操作和 BIM 模型中相应部位进行链接。该管理系统集成了对文档的搜索、查阅、定位功能，并且所有操作在基于 4D BIM 可视化模型的界面中，充分提高数据检索的直观性，提高影响造价相关资料的利用率。当施工结束后，系统内自动形成完整的信息数据库，为工程造价管理人员提供快速查询定位。

（2）基础数据共享与调用。

BIM 中含有大量工程相关的信息，可以为工程提供数据后台的巨大支撑，可以使业主、设计院、顾问公司、施工总承包、专业分包、材料供应商等众多单位在同一个平台上实现数据共享，使沟通更为便捷、协作更为紧密、管理更为有效。BIM 技术在施工工程中，根据设计优化与相关变更对工程量进行动态调整，将工程开工到竣工的全部相关数据资料存储在基于 BIM 系统的后台服务器中。

（3）项目精细化管理及造价控制。

基于 BIM 技术的项目管理，工程基础数据如量、价等，数据准确、数据透明、数据共享，能完全实现短周期、全过程对资金风险以及盈利目标的控制。BIM 技术应用的算量、造价、全过程的造价管理都是在 BIM 数据和实际项目造价的动态对比之中进行。基于 BIM 技术的工程造价软件可对投标书、进度审核预算书、结算书进行统一管理，并形成数据对比。BIM 数据模型保证了各项目的数据动态调整，可以方便统计，追溯各个项目的现金流和资金状况，并根据各项目的形象进度进行筛选汇总，为领导层更充分地调配资源、进行决策创造了条件。

参考文献

［1］骆汉宾. 数字建造项目管理概论［M］. 北京：机械工业出版社，2021.

［2］蔺石柱，闫文周. 工程项目管理［M］. 2版. 北京：机械工业出版社，2015.

［3］全国二级建造师执业资格考试用书编写委员会. 建设工程施工管理［M］. 北京：中国建筑工业出版社，2020.

［4］全国一级建造师执业资格考试用书编写组. 建设工程项目管理：创新教程专家解读［M］. 哈尔滨：哈尔滨工程大学出版社，2019.

［5］交通运输部职业资格中心. 交通运输工程目标控制：基础知识篇［M］. 北京：人民交通出版社股份有限公司，2021.

［6］全国一级建造师执业资格考试用书编写组. 建设工程项目管理［M］. 哈尔滨：哈尔滨工程大学出版社，2019.

［7］王延树. 建筑工程项目管理［M］. 北京：中国建筑工业出版社，2007.

［8］中国建设监理协会. 建设工程合同管理［M］. 北京：中国建筑工业出版社，2021.

［9］陈健，徐明刚. 二级建造师继续教育培训教材［M］. 北京：中国建筑工业出版社，2018.

［10］中国法制出版社. 中华人民共和国保险法［M］. 北京：中国法制出版社，2015.

［11］中国法制出版社. 中华人民共和国招标投标法［M］. 北京：中国法制出版社，2017.

［12］中华人民共和国住房和城乡建设部. 关于进一步推进工程总承包发展的若干意见［EB/OL］.（2016-05-20）［2022-10-10］. https：//www. mohurd. gov. cn/gongkai/fdzdgknr/tzgg/201606/20160602_227671. html.

［13］中华人民共和国国务院. 建设工程安全生产管理条例［EB/OL］.（2003-11-24）［2022-10-10］. http：//www. gov. cn/zhengce/2020-12/26/content_5575328. htm.

［14］中华人民共和国住房和城乡建设部. 关于做好房屋建筑和市政基础设施工程质量事故报告和调查处理工作的通知［EB/OL］.（2010-07-20）［2022-10-10］. https：//www. mohurd. gov. cn/gongkai/fdzdgknr/tzgg/201007/20100729_201724. html.

［15］中华人民共和国住房和城乡建设部，中华人民共和国国家工商行政管理总局. 建设工程施工合同（示范文本）：GF—2017—0201［EB/OL］.（2017-09-22）［2022-10-10］. https：//www. mohurd. gov. cn/gongkai/fdzdgknr/tzgg/201710/20171030_233757. html.

［16］中华人民共和国住房和城乡建设部，中华人民共和国财政部. 关于印发《建筑安装工程费用项目组成》的通知（建标〔2013〕44号文）［EB/OL］.（2013-03-21）［2022-10-10］. https：//www. mohurd. gov. cn/gongkai/fdzdgknr/tzgg/201304/20130401_213303. html.

［17］中华人民共和国国家发展和改革委员会，中华人民共和国财政部，中华人民共和

国建设部，等．中华人民共和国标准施工招标文件（2007 年版）［EB/OL］.（2007-11-01）［2022-10-10］．https：//www. ndrc. gov. cn/xxgk/zcfb/fzggwl/200712/t20071221_960708. html? code=&state=123.

［18］中华人民共和国住房和城乡建设部．建设工程监理规范：GB/T 50319—2013［S］. 北京：中国建筑工业出版社，2013.

［19］中华人民共和国国家质量监督检验检疫总局，中国国家标准化管理委员会．质量管理体系基础和术语：GB/T 19000—2016［S］. 北京：中国标准出版社，2016.

［20］中华人民共和国住房和城乡建设部，中华人民共和国国家质量监督检验检疫总局．建筑工程施工质量验收统一标准：GB 50300—2013［S］. 北京：中国建筑工业出版社，2013.

［21］中华人民共和国住房和城乡建设部，中华人民共和国国家质量监督检验检疫总局．建设工程项目管理规范：GB/T 50326—2017［S］. 北京：中国建筑工业出版社，2017.

［22］中华人民共和国住房和城乡建设部，中华人民共和国国家质量监督检验检疫总局．建设工程工程量清单计价规范 ：GB 50500—2013［S］. 北京：中国计划出版社，2013.

［23］中华人民共和国国家市场监督管理总局，中国国家标准化管理委员会．职业健康安全管理体系 要求及使用指南：GB/T 45001—2020［S］. 北京：中国标准出版社，2020.

亲爱的读者：

如果您对本书有任何 **感受、建议、纠错**，都可以告诉我们。我们会精益求精，为您提供更好的产品和服务。

祝您顺利通过考试！

扫码参与调查

建造师考试研究中心